서윤영의

청소년
건축
특강

서윤영의 **청소년 건축 특강**

제1판 제1쇄 발행일 2021년 10월 9일
제1판 제4쇄 발행일 2023년 5월 15일

글 _ 서윤영
기획 _ 책도둑(박정훈, 박정식, 김민호)
디자인 _ 채홍디자인
펴낸이 _ 김은지
펴낸곳 _ 철수와영희
등록번호 _ 제319-2005-42호
주소 _ 서울시 마포구 월드컵로 65, 302호(망원동, 양경회관)
전화 _ 02) 332-0815
팩스 _ 02) 6003-1958
전자우편 _ chulsu815@hanmail.net

ISBN 979-11-88215-63-8 43540

철수와영희 출판사는 '어린이' 철수와 영희, '어른' 철수와 영희에게
도움 되는 책을 펴내기 위해 노력합니다.

서윤영의

청소년 건축 특강

건축으로 살펴본 일제 강점기

철수와영희

일제 강점기 건축은 당시 시대 상황과 어떻게 맞물려 있을까?

일제 강점기를 배경으로 한 영화나 드라마가 종종 등장하곤 합니다. 위인전이나 역사 교과서에서 다루는 일제 강점기는 주로 지배와 피지배, 억압과 저항의 관점에서 서술하고 있지만 영화나 드라마에서는 소소한 생활 문화를 묘사하는 경우가 많습니다.

그러다 보니 배경이 되는 거리의 모습과 건물, 주택도 섬세한 고증을 거쳐 재현하는데, 대개 우아하고 고풍스러운 유럽식이 많습니다. 마치 유럽의 저택을 옮겨 놓은 듯한 건물과 실내 배경을 하고 있고 주인공들의 옷차림도 유럽식이어서 겉모습만 보면 낭만적으로 보이기까지 합니다.

그런데 가만히 생각해 보면 좀 이상한 현상이라 할 수 있습니다. 일본이 한국을 강점했는데, 왜 건물이나 의상은 일본식도 아니고 한국식도 아닌 유럽식을 하고 있을까요? 물론 그때는 유럽이 세계 문화를 주도하고 있었기 때문이라고, 즉 유럽식이라기보다는 국제적인 양식이었다고 볼 수도 있습니다.

당시 일본은 "일본이 한국을 지배한다"라고 절대 드러내 놓고 말하지 않았습니다. 대신 "동양에서 먼저 진보한 나라가 아직 그렇지 못한 나라들과 서로 연합하여 서구 제국주의 침략에 맞서야 한다"는 논리로 침략을 정당화했습니다. 따라서 한국에 지어지는 건물은 일본식이 아닌 진보된 양식이어야 했고, 그 진보된 양식을 유럽식에서 찾았습니다. 그래서 옷차림이나 건물도 유럽식이었지만, 문제는 그때 일본이 들여온 건축 양식은 당시 유럽에서는 더 이상 지어지지 않고 있던, 이미 오래전에 지나가 버린 양식이었습니다. 조선총독부, 경성부 청사, 경성역사, 경성제국대학교, 조선 신궁, 경성운동장 등 핵심적인 건물은 1920년대에 집중적으로 지어졌는데, 이때 유럽 건축은 전혀 다른 모습을 하고 있었습니다.

유럽은 제1차 세계 대전을 겪고 난 후 사회가 급변합니다. 세계사적 관점에서는 1차 세계 대전이 끝난 1910년대 후반부터 현대 사회가 시작되었다고 보는데, 예술과 문화에서는 1920년대 초반부터 모더니즘의 물결이 휘몰아칩니다. 건축도 예외가 아니어서 가장 큰 변화를 겪었습니다. 모더니즘 운동이 크게 일어나서 과거의 건축 양식과는 빠르게 결별을 합니다. 강철과 유리 등의 재료가 사용되면서, 강철로 뼈대를 짜고 유리로 외피를 덮는 새로운 건축이 등장하고 있었습니다.

또한 주택 부문에서도 큰 변화가 일어났습니다. 1차 세계 대전으로 유럽은 폐허가 되었고 무엇보다 주택이 크게 부족했습니다. 전쟁에 참여했던 상이군인이나 전사한 군인의 유가족에게 집을 한 채씩 지어 나누어 주는 것이 국가가 해야 하는 가장 기본적인 복지 정책이 되면서 주택을 대량 생산하는 방안이 마련되었습니다. 지금 우리 주변에서 흔히 볼 수 있는 고층 빌딩, 아파트, 연립 주택 등은 이 시기에 새롭게 등장한 건축 유형이라고 할 수 있습니다. 우아하고 고풍스러운, 마치 르네상스나 바로크 양식을 연상케 하는 화려한 건물은 더 이상 지어지지 않고 있었습니다. 유럽에서 그런 양식은 19세기까지 지어졌을 뿐, 20세기가 되면 이미 시대에 뒤떨어진 양식이 되어 버렸기 때문입니다. 하지만 일본은 19세기에 유행하던 양식을 다시 불러내어 경성과 도쿄에 건물을 지었습니다.

왜 이런 일이 일어났을까요? 시기적으로 100~200년 이상이나 뒤처진 유행인데도 왜 영화나 드라마에 묘사되는 경성의 모습을 보며 '낭만적이다, 고풍스럽고 우아하다'라고 생각하는 걸까요? 이제껏 당연하다고 생각했던 일은 사실 매우 이상한 일이었습니다. 이 책은 왜 이런 일이 일어났는지를 설명하고 있습니다.

최근 일제 강점기를 보다 다면적으로 이해하기 위한 여러 방법이 시도되고 있습니다. 예전에는 주로 누가 친일파였고, 그들의 친일 행각은 어떠했는지 그리고 항일 독립 투쟁에 앞장섰던 열사들의 행적을 밝히는 일에 집중되었다면, 요즘에는 다차원적인 방식이 시도되고 있습니다. 이 책 역시 건축의 관점에서 일제 강점기를 살펴보고 있습니다.

흔히 건축을 예술의 한 분야로 간주하여, 건축의 형태도 예술 사조에 영향을 받을 것으로 생각합니다. 틀린 이야기는 아니지만, 그 예술 사조도 당시의 지배 담론에 큰 영향을 받습니다. 건축의 형태를 결정짓는 것은 그 시대의 지배 담론과 정치적, 경제적 상황들이기 때문에, 그 시대의 상황을 이해해야 건축을 더욱 정확히 이해할 수 있습니다. 일제 강점기는 매우 특수한 상황이었고, 당시 일본의 의도가 무엇인지를 알아야 당시의 건축도 이해할 수 있습니다.

이 책은 일제 강점기의 건축을 통해 당시의 생활상을 살펴보고 있지만, 더 나아가 건축이 당시의 지배 담론과 시대 상황에 어떻게 맞물려 작용하고 있는가를 살펴보고 있습니다. 건축을 인문학의 한 분야로 인식하여 더 다양한 범위의 지식을 얻으려는 청소년들에게 도움이 되기를 바랍니다.

서윤영 드림

차례

3부. 건축으로 보는 일제 잔재 청산

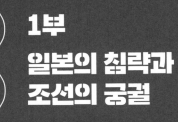

1부
일본의 침략과
조선의 궁궐

1

20세기 일본 제국주의의 특징

1910년 8월 22일 창덕궁 대조전에 있는 흥복헌에서 '병탄' 조약이 일제에 의해 강압적으로 체결되었습니다. 대한제국이 국권을 상실하고 일본의 식민 지배를 받게 된 결정적 사건으로, 경술년(1910년)에 일어난 국가의 치욕이라 하여 '경술국치'로 불립니다. 이후 1945년 8월 15일에 해방을 맞이하기까지 35년간 한국은 일제의 통치를 받습니다.

일본은 식민 지배를 통해 우리말 사용을 금지하는 등 우리 민족의 자유를 말살했고, 경제 수탈을 자행했으며, 청장년들을 강제로 침략 전쟁에 투입하거나, 탄광이나 군수 공장 등에 끌고 가 노예처럼 일을 시켰습니다.

　이러한 일본의 제국주의적 행태를 이해하려면 유럽 제국주의의 역사를 알아야 합니다. 일본이 그 영향을 받았기 때문입니다.

유럽 식민지 vs 일본 식민지

　유럽 제국주의 역사는 1492년 콜럼버스의 아메리카 대륙 발견에서 시작합니다. 15~17세기 식민주의가 스페인, 포르투갈, 네덜란드 등이 주축이라면 18~19세기는 영국과 프랑스 등이 주축인데, 이 중 우리 근현대사와 관련이 깊은 것은 후자입니다. 영국과 프랑스는 18세기 산업 혁명을 겪으면서 먼저 공업화가 되었는데, 이들 나라가 아시아와 아프리카 지역을 식민 지배하는 양상이 두드러졌습니다. 식민 지배의 가장 큰 이유는 경제적인 목적 때문이었습니다. 산업 혁명의 특성상 산업 구조는 대량의 원자재를 값싸게 사들여 공장에서 가공하여 상품으로 만든 다음, 이를 다시 팔아야 하는 방식입니다. 저렴한 원자재 공급지와 거대한 상품 시장이 필요했는데, 식민지는 이 두 가지를 한꺼번에 해결해 줍니다.

　예를 들어 인도에서 생산된 면화를 헐값에 사다가 영국의 공장에서 면직물로 가공한 뒤 인도에 되파는 방식입니다. 혹은 프랑스가 베트남에 커피나무를 심어 놓고 원두를 싸게 산 뒤 이를 가공하여 비싼 커피로 파는 것입니다. 유럽의 식민지 침탈은 이런 목적에 따라 계획적으로 이루어집니다. 구체적으로는 항구 도시를 먼저 개항시키고 그곳에 무역을 담당하는 회사를 두는데, 동인도 회사가 바로 그러한 예입니다. 회사 설립 후에는 직원과 상인들, 그리고 이들을 보호할 군인이나 경찰, 관리 인력이 들어옵니다. 이들이 머물 관청, 회사, 집이 들어서면서 도시는 점점 커집니다. 이렇게 무역항을 중심으로 거점을 확보한 뒤 나중에는 그 회사를 국영화하고 지역을 점령합니다. 그곳을 자국의 보호를 받는 영국령 혹은 프랑스령으로 선포하는 식입니다.

이 기간은 매우 길어서 보통 100~200년에 걸쳐 경제와 정치를 천천히 잠식합니다. 그런데 우리나라에 대한 일본의 식민주의는 유럽과는 다른 양상을 띠었습니다. 일본은 식민 지배 35년간 유럽보다 매우 빠르게 정치와 경제, 군사, 교육 등 모든 면을 장악하려고 했기 때문에 훨씬 더 폭력적이었습니다. 유럽과 비교했을 때 일본 제국주의의 특징은 후발 제국주의, 근린 제국주의, 군사 제국주의, 이 세 가지로 요약할 수 있습니다.

유럽을 모방한 일본식 건축

유럽 제국주의는 17~18세기에 본격화되어 19세기에 절정을 이루었습니다. 영국은 빅토리아 여왕이 다스리던 1850~1900년에 '해가 지지 않는 나라'로 불렸습니다. 지구상에 영국의 지배를 받는 땅이 무척 넓어서 하루 중 어느 때라도 '영국령'에서는 해가 떠 있었으니까요. 이 시기 프랑스도 아시아와 아프리카에 많은 식민지를 가지고 있었습니다. 그런데 일본이 한국을 식민 지배한 것은 20세기 초중반인 1910~45년으로, 유럽과 비교해 늦은 시기에 해당합니다. 19세기 말에서 20세기 초 유럽은 해외 식민지를 일부 독립시키기도 했는데 일본은 오히려 이 시기에 한국을 식민 지배했습니다. 유럽보다 뒤늦게 근대화와 공업화를 이루었고 식민지 개척에도 뒤늦게 뛰어들었습니다. 이를 '후발 제국주의'라 하는데, 일본 제국주의를 이해하려면 이 부분을 먼저 살펴보아야 합니다.

유럽 각국은 19세기 중반부터 중국, 일본, 조선 등 동아시아에 나타나 개항을 요구했지만, 조선은 쇄국 정책을 유지했고 일본도 마찬가지였습니다. 당시 일본을 실질적으로 지배하고 있던 도쿠가와 막부는 외국과 제한된 범위 내에서만 통상을 허용할 뿐, 엄격한 쇄국 정책을 취하고 있었습니다. 하지만 1868년 메이지 일왕이 즉위하면서 상황이 바뀝니다. 그전까지 막부에 있던 지배권을 되찾아 왕이 직접 통치를 하는 친정(親政)을 실시합니다. 그리고 쇄국의 빗장을 풀어 문호를 개방하고 유럽의 선진 학문과 문물을 적극적으로 받아들입니다. 유럽 열강과 비교해 일본은 뒤처져 있다는 생각에 적극적으로 근대화와 서구화를 단행하는데 이를 메이지 유신이라고 합니다. 19세기 말 일본은 동아시아에서 빠르게 근대화를 단행했고 그 과정에서 유럽의 제도와 문화를 많이 모방했습니다. 그중 제도와 법규, 학문 등은 주로 독일의 것을 받아들였고, 생활 문화, 예술 등은 프랑스를 모방했습니다. 그렇다면 당시 일본이 받아들였던 유럽의 문화는 어떤 것이었을까요?

19세기 유럽 각국은 민족주의가 대두하면서 문화적으로는 국수주의가 유행하던 시기였습니다. 지금 우리가 흔히 사용하는 '민족'이라는 개념은 19세기에 새로이 부각되어 만들어졌다고 볼 수 있습니다. 중세 유럽은 기독교를 내세워 나라를 통치했습니다. 하지만 르네상스 시기 기독교가 세력을 잃기 시작하자 16~17세기부터는 절대 군주라는 강력한 전제 왕권으로 나라를 통치했습니다. 왕권신수설을 내세웠던 프랑스의 루이 14세가 그러한 경우입니다. 하지만 1789년 프랑스 대혁명이 일어나 루이 16세가 처형당하자 유럽 각국의 왕실은 혁명의 여파가 자국에도 미칠까 불안

해했습니다. 중세의 기독교나 왕권신수설을 대체할 새로운 이데올로기가 필요했고 그것을 '민족'과 '애국'에서 찾았습니다. 아울러 프랑스 대혁명 후 혼란기에 장교 출신의 나폴레옹이 등장하여 유럽 각국과 전쟁을 벌이면서 민족과 애국 이데올로기는 더욱 강화되었습니다. 문화적으로는 '국수주의'가 대두하고, 건축에서는 '역사주의'가 새롭게 등장했습니다. 역사주의는 왕궁, 관청, 대학, 도서관, 국립 극장 등 근대적 건축물에 자국의 전통 양식을 적용해 고전적으로 짓는 것을 말합니다.

대표적인 예가 프랑스 파리의 오페라 하우스입니다. 고풍스럽고 우아한 외관 때문에 파리 여행을 할 때면 빼놓지 않고 들르는 명소인데, 실은 19세기에 지어진 건물입니다. 19세기는 과거와 결별하고 근대로 나아가는 시기인데도 건물 형태는 17세기인 루이 14세 시절의 바로크 양식입니다. 시기적으로 약 200년의 차이가 나는 양식을 다시 불러낸 이유는, 가장 왕권이 강력했던 루이 14세 시절의 문화적 전통을 지키고 민족주의에 호소하기 위해서입니다. 더 쉬운 예를 들어 보자면, TV나 인터넷에 나오는 북한 평양에는 3~5층짜리 웅장한 대형 한옥이 많습니다. 전통 한옥은 아니고 어딘지 현대적인 모습인데, 주로 공공건물을 그렇게 짓습니다. 북한은 체제를 유지하기 위해 문화적으로는 강력한 국수주의를

프랑스 파리의 오페라 하우스 전경.(1902년)

내세우고 있습니다. 공공 건축 등을 전통 양식으로 지음으로써 민족주의에 호소하며 국론을 통일할 수 있는 것입니다.

19세기 유럽 각국에는 민족주의와 국수주의가 대두하면서 역사주의 건축이 유행했습니다. 르네상스나 바로크 등 과거 양식을 새롭게 재해석한 네오 르네상스, 네오 바로크 양식이 여기에 해당합니다. 옛날 건축 양식을 현대에 다시 불러낸 북한 한옥과 비슷하다고 할 수 있습니다. 뒤늦게 근대화에 뛰어들어 유럽 문화를 모방한 일본에도 유럽의 역사주의 건축이 유행했습니다. 대학, 기차역, 은행, 백화점 등을 지을 때 유럽의 건축 양식을 모방했어요. 오늘날 도쿄 역사나 도쿄 대학처럼 100여 년 전에 지어진 건축물이 일본 전통 양식이 아닌 고풍스럽고 우아한 유럽 양식을 따른 이유가 바로 이 때문입니다. 그리고 이는 식민지였던 한국에 그대로 이식되었습니다.

일제 강점기에 지어진 건축물 중 대표적인 것이 경성역사(현 문화역 서울284), 조선은행(현 한국은행 화폐 박물관) 등인데, 17~18세기 유럽에서나 봄 직한 형태로 고풍스럽습니다. 예술 사조에서는 이미 모더니즘이 유행하던 20세기 초반이었지만, 건축에서는 때아닌 복고 바람이 불고 있었습니다. 유럽을 모방하던 일본은 시대에 뒤떨어진 네오 르네상스, 네오 바로크 양식을 답습했고 그것이 한

Bank of Chosen, Keijo

朝鮮銀行

〈壁に市都要樞の國米及那支・地内・内鮮な所發出・店支に城京な店本・圓萬千八金本資・立設の年四十四治明・てしに行銀央中の鮮朝

조선은행의 모습이 담긴 엽서.(1920년대)

국에 그대로 이식되었기 때문입니다. 가끔 1920~30년대 경성을
배경으로 한 TV 드라마와 영화가 방영됩니다. 고풍스럽고 우아한
건물을 배경으로 하고 있어 마치 유럽에 온 듯한 느낌을 주는데
그 이면에는 19세기 유럽의 국수주의와 이를 모방했던 일본의 제
국주의가 있습니다. 이러한 모방이야말로 후발 제국주의의 특성
입니다.

일본 근린 제국주의의 한양 지우기

일본 제국주의의 또 하나의 특징은 가까운 이웃나라를 식민 지배한 '근린 제국주의'라는 것입니다. 이는 프랑스와 영국 등이 주로 멀리 떨어진 아프리카와 아시아 국가들을 식민 지배한 것과 다른 모습입니다. 유럽과 아시아, 아프리카 국가들은 예전에는 서로 교류가 없었습니다. 인종도 달라서 외모만 보아도 뚜렷하게 구분이 됩니다. 하지만 일본과 조선은 오래전부터 서로의 존재를 알고 있었고 같은 아시아인이어서 외모도 크게 차이가 나지 않습니다. 국토의 면적과 인구 규모, 문화적 배경과 역사 발달 단계 등도 비슷했습니다. 역사·지리·문화적으로 동떨어진 지역을 식민지로 삼았던 유럽 식민주의와 달리 예전부터 외교 관계를 유지해 왔던 대등한 이웃나라를 식민 지배하는 것은 이례적이었고, 그래서 식민 정책도 달랐습니다. 가장 큰 특징은 수도를 어디로 정하느냐 하는 것에서 드러납니다.

유럽이 아시아나 아프리카 국가를 식민 지배했을 때는 기존 수도는 그대로 놔둔 채, 항구 도시를 거점 도시 삼아 행정 기능을 추가하는 경우가 많습니다. 영국은 인도를 식민 지배할 때 당시 수도였던 델리가 아닌 항구 도시 캘커타에 동인도회사를 두고 식민지 거점 도시로 삼았습니다. 이후 어느 정도 영향력을 행사할 수 있게 되자 신도시인 '뉴델리'를 건설하여 새로운 행정 도시로 삼았습니다. 그러자 델리는 점차 쇠락했고 인도 정부는 독립한 후에 관청과 도로 등 인프라가 잘 갖추어진 뉴델리를 그대로 수도로 정합니다.

인도 동남부 해안가의 항구 도시 퐁디셰리(현 푸두체리) 역시 17~18세기에 걸쳐 프랑스령 인도의 수도였습니다. 중국의 홍콩, 상하이 등도 무역항이면서 제국주의 국가에서 영토권을 빌린 조계지, 혹은 조차지였습니다. 앞서 말씀드렸듯, 이런 거점 도시를 기반으로 영향력을 확대해 나가는 것이 일반적인 유럽 제국주의의 식민 지배 과정이었습니다. 하지만 일본 제국주의는 달랐습니다. 한양은 경성으로 이름만 바뀐 채 여전히 수도의 지위를 유지했고 모든 중앙 관청도 이곳에 지어졌습니다. 당시 한양은 왕실과 종친 및 고위 관료들이 살고 있어서 일본인들이 대거 유입될 경우 기존 세력들의 반발과 저항이 매우 클 것이 뻔한데, 일본은 그 위험 부담은 물론 경제적 부담까지 무릅쓰며 한양을 수도로 유지했습니다. 만약 일본이 유럽 방식을 따랐다면 일본과 가까운 부산이 사실상의 수도가 되고, 한양은 인구와 경제 규모가 줄어 점차 쇠퇴했을 것입니다. 일제 강점기에 물류 기지로서 부산이 성장하기는 했지만, 한양을 능가하지는 못했습니다.

한양은 쇠퇴하거나 고사하지 않고 여전히 수도의 지위를 누렸지만, 이것이 반드시 좋은 것만은 아니었습니다. 일제의 식민 통치에 필요한 관청, 군대, 경찰이 들어오고 그 필요 시설이 한양에 지어졌습니다. 백지 위에 새로 그리는 것이 아니라 이미 500년의 역사가 그려낸 그림이 있는 자리에 다시 그림을 그린 것입니다. 일본 제국주의는 한양이라는 기존의 그림을 지우고 그 위에 덧칠을 합니다. 그 과정에서 전통적인 도시 조직은 파괴되었습니다. 유럽이 아시아·아프리카 국가를 식민 지배할 때는 인종과 문화가 서로 달랐기 때문에 간접 통치 방식이 많았지만, 같은 아시아인이자 이웃나라를 식민 지배한 일본은 내지(일본)와 조선이 하나라는 '내선일체'를 앞세우며, 한국인을 일본 왕에게 충성하는 국민으로 동화시키려는 황국 신민화 정책을 강요했습니다. 그 과정에서 한양은 급속도로 파괴되고 말았습니다.

군사 제국주의

일본 제국주의의 특징은 무력과 군사력을 앞세운 꾸준한 정복과 복속의 과정이었다고 볼 수 있습니다. 중세 일본은 통일된 국가를 이루지 못하고 각 지방별로 장군(쇼군)이 다스리는 체제였습니다. 그러다가 장군이던 도쿠가와 이에야스가 불완전하기는 하나 일본 열도의 가장 큰 섬인 혼슈 지역을 통일합니다. 그 후 당시까지 독립국이던 류큐 왕국(현 오키나와 지방)과 북쪽의 홋카이도를 차례로 복속시킵니다. 이것이 대략 17세기 초반에 일어난 일입니다. 지금은 오키나와와 홋카이도가 모두 일본이지만 200여 년 전의 원 거주민 시각으로 보면 무력 정벌을 당한 셈입니다. 19세기 말에는 청일 전쟁(1894~95년)을 벌이고 그 대가로 타이완을 할양받아 식민지로 삼습니다. 뒤이어 러일 전쟁(1904~05년)에서 승리한 후 이를 발판으로 1905년 한국과 을사늑약을 체결하고 마침내 1910년 한국을 강제 점령합니다. 다시 말해 16세기 말~17세기 초 무력으로 오키나와와 홋카이도를 복속시켰듯, 19세기 말~20세기 초 인접국인 청나라, 러시아와 전쟁을 벌여 타이완과 한국을 식민지로 삼았습니다. 그 후 중일 전쟁(1937~45년)과 태평양 전쟁(1941~45년)을 일으켰다가 패망하면서 한국과 타이완은 독립했습니다.

이처럼 일본 제국주의는 시작과 끝이 모두 전쟁에서 비롯되었으니, 일제 강점기 동안 전쟁은 매우 중요한 요소입니다. 실제로 일본은 1910~45년 동안 내내 전쟁을 준비했다고도 말할 수 있습니다. 전쟁 물자와 인력을 대기 위해 수탈과 징집, 징용을 자행하고, 한반도를 대륙 침략의 발판으로 삼기 위해 서울 용산, 경남 진해, 함북 나남 등 세 곳을 군사 도시로 만듭니다. 물론 유럽도 식민 도시에 군대와 경찰이 주둔했지만, 이는 자국민의 안전과 치안을 유지하기 위한 수준으로 소규모였습니다.

하지만 일본은 한국을 군사적으로 제압하는 수준을 넘어 중국과 만주로 뻗어 나가기 위한 병참 기지로 만들었습니다. 이렇게 되자 한국은 전쟁을 일으킨 당사자가 아니면서도 그 모든 부담을 짊어져야 했습니다. 이때 일본은 국론을 통일하고 일본에 대한 애국심을 고취하기 위해 전국에 신사를 세우고 한국인에게도 신사 참배를 강요했습니다. 군사 도시와 신사 건립은 유럽 식민지에서는 볼 수 없는 일본만의 독특한 현상입니다.

요약해 보면 후발 제국주의, 근린 제국주의, 군사 제국주의 이 세 가지가 일본 제국주의의 가장 큰 특징이라고 할 수 있습니다. 이것이 건축적으로는 18~19세기 유럽 역사주의 건축 양식의 재현, 식민 치하 한양의 수도 지위 유지 및 도시 조직 파괴, 군사 도시의 형성과 신사의 건립으로 나타납니다. 그렇다면 이것이 한양에 구체적으로 어떻게 영향을 끼쳤는지 자세히 살펴보겠습니다.

2 산업 박람회장이 된 경복궁

1916년 6월 25일, 경복궁 안에서 조금 이상한 행사가 있었습니다. 고사상이 차려진 가운데 흰옷을 입은 일본인 제관이 땅바닥에 술을 부었습니다. 또한 준비된 떡과 과일도 조금씩 잘라 미리 파놓은 구덩이에 묻었습니다. 건물을 짓기 전에 미리 땅속에 있는 지신에게 술과 과일을 바치며 고하는 지진제(地鎮祭)였습니다. 대체 무슨 건물을 짓기에 경복궁에서 이렇게 거창한 행사를 치렀던 걸까요? 바로 조선총독부입니다.

경복궁 중건과 아관파천

한양에는 모두 다섯 개의 궁궐이 있었는데, 그중 가장 중요한 궁이 경복궁입니다. 1392년 조선이 건국하고 2년 뒤엔 1394년 12월에 경복궁을 짓기 시작했으니, 나라를 세우고 곧바로 시작한 일이었습니다. 이를 계획한 정도전은 신진 사대부 유학자로서 경복궁 건립도 유교적 이념에 따랐습니다. 공적인 영역과 사적인 영역의 구분을 명확히 하고, 선공후사 개념에 따라 앞쪽에 공적인 건물을 두고 뒤쪽에는 사적인 건물을 두었습니다. 무엇보다 위계가 엄격해서 경복궁에 들어가려면 우선 광화문을 지나야 하고, 그다음 흥례문을 지나 근정문으로 들어가야 합니다. 광화문─흥례문─근정문으로 이어지는 위계는 속인(俗人)의 출입을 금하고 궁궐의 신성을 유지하는 일종의 '여과 장치' 역할을 합니다. 특히 흥례문은 2층으로 이루어졌고 주변에 행랑(문에 붙은 방)이 있어 군사들이 상주하면서 경비했습니다. 여기서 더 안쪽으로 들어가면 근정문이 있고, 이곳을 지나면 품계석(벼슬의 등급을 새긴 돌)이 늘어선 너른 마당과 함께 근정전이 있습니다.

한편 광화문 바깥으로는 의정부와 의금부를 비롯한 이조, 호조, 예조, 병조, 형조, 공조 등 여섯 관청을 두었습니다. 지금의 광화문 광장 자리인데 조선 시대에는 이곳에 6조 관청이 늘어서 있어서 '육조거리'라고 불렸습니다. 왕이 사는 경복궁 앞에 머리를 조아리듯 늘어선 관청들, 이처럼 경복궁과 그 앞의 육조거리는 조선의 정치를 담당하는 핵심 장소였으며 경복궁은 조선의 법과 정치의 중심이었습니다.

　그런데 이후 임진왜란이 일어나 일본군이 한양까지 쳐들어왔습니다. 난리 통에 경복궁은 불타 버렸고, 그 후로도 복구가 제대로 되지 않아 270여 년간 방치되었습니다. 그러다가 1863년 고종이 12세 나이로 즉위하면서 아버지인 흥선 대원군의 섭정이 시작됩니다. 흥선 대원군은 1865년 경복궁을 대대적으로 다시 짓는 중건 사업을 벌입니다. 당시 쇠락해 가는 국운을 되살리기 위해 대규모 건축 사업을 벌인 것입니다. 경복궁이 다시 위용을 찾으면 백성들로서는 나라가 다시 부흥하는 것 같은 느낌이 들 것이고, 큰 건축 사업을 벌이면 일자리가 늘어나 경기를 살리는 효과도 있습니다. 대원군은 대외적으로는 쇄국 정책을 펼치고 대내적으로는 경복궁 중건이라는 건축 사업을 벌였습니다. 이는 문호를 걸어 잠그고 대신에 내치에 힘쓰겠다는 정치 철학으로 해석할 수 있습니다.

　1867년 경복궁이 완공되고 이듬해인 1868년에 고종은 경복궁으로 이어(移御, 왕이 거처를 옮김)하게 됩니다. 그런데 1876년 대규모 화재로 경복궁의 800여 칸의 건물이 소실되자 고종은 창덕궁으로 옮겼다가 1885년 다시 경복궁으로 돌아옵니다. 이후 1895년 일본 낭인들이 경복궁까지 쳐들어와서 명성황후를 시해하는 을미사변이 일어납니다. 낭인은 본래 떠돌이 무사를 말하는데 정규 군인이 아닌 폭력 집단에 가까운 이들입니다. 폭력배들이 궁중까지 쳐들어와 황후를 시해하자 불안과 위기의식을 느낀 고종은 1896년 아들 순종과 함께 러시아 공사관으로 피신하니 이것이 '아관파천'입니다. 이렇게 되자 경복궁은 또다시 버려지면서 점차 황폐해졌습니다. 고종은 이듬해 경복궁이 아닌 경운궁으로 환궁했고 그 후 계속 그곳에 머물렀습니다.

대원군이 대대적인 경복궁 중건 사업을 벌였지만 실제 사용된 기간은 18년 정도이고, 그 후 10년 넘게 계속 비어 있었습니다. 경복궁은 1908년경부터는 일반인에 조금씩 개방되기 시작합니다. 일본 권력층이 만찬장으로 사용하기도 하고 1913년경부터는 무료 관람이 가능한 공원으로 활용했습니다. 그러다가 1915년 '조선물산 공진회'를 경복궁 앞뜰에서 개최합니다. 물산 공진회란 요즘식으로 말하면 '산업 박람회' 또는 엑스포와 비슷합니다.

일제의 한국 병탄 5년 후 경복궁에서 개최되었던 조선 물산 공진회.(1915년)

경복궁에서 개최된 조선 물산 공진회

유럽에서 처음 시작된 엑스포는 산업 박람회의 성격이 강합니다. 19세기 산업 혁명이 일어나 공장에서 생산된 값싼 물건들이 넘쳐나기 시작했습니다. 예전에는 장인이 직접 손으로 만들어 시간도 오래 걸리고 값이 비쌌지만, 공장에서 생산하면서는 비교할 수 없이 많은 상품을 짧은 시간에 만들 수 있었어요. 자국민이 미처 다 소비할 수 없는 양이어서 수출을 해야 했습니다. 그러자면 자국 물품의 우수성을 널리 알려야 했는데 엑스포가 바로 그런 자리였습니다.

19세기 중후반 엑스포는 산업 혁명의 본고장인 영국과 경쟁 관계에 있던 프랑스에서 자주 열렸고, 상품의 홍보뿐 아니라 자국의 산업 기술과 첨단 과학 기술을 과시하는 장이기도 했습니다. 18~19세기 영국과 프랑스가 식민지 확보에 주력한 이유가 산업 혁명으로 인해 과잉 생산된 상품의 새로운 소비 시장이 필요해졌기 때문입니다. 이처럼 산업 혁명과 식민지, 엑스포는 서로 맞물려 있습니다.

일본도 19세기 말부터 공업화를 시작했고, 생산된 공산품을 식민지에 팔기 위한 산업 박람회 개최가 필요했습니다. 그것이 경복궁에서 개최된 조선 물산 공진회입니다. 1915년 9월 11일에 시작

서윤영의 청소년 건축 특강

되어 10월 31일까지 계속되었으니 몹시 성황이었다는 것을 알 수 있습니다. 이때는 일본이 한국을 강점한 지 5년이 지난 시점이어서, 그동안 한국이 어떻게 변했나를 보여 주며 침략을 정당화하고 국정을 홍보하는 자리이기도 했습니다.

근정전 바로 앞에 마련된 제1호관에는 한국의 농업, 임업, 광업, 수산업 물품이 전시되었습니다. 그중 쌀과 면화가 가장 중요한 품목이어서 호남과 영남 등 지역별로 조금씩 다른 쌀 품종까지 전시했습니다. 제2호관에는 교육, 토목, 교통, 경제 부문이 전시되었고, 심세관(審勢館)에는 한일 병탄 이후 각종 사회 시설과 생활 모습이 얼마나 바뀌었나가 홍보되었습니다. 그 외에 농업 분관, 수산 분관도 있었습니다.

이 모든 전시관을 짓기 위해 경복궁의 많은 전각(殿閣, 임금이 거처하는 집)이 헐려 나갔습니다. 왕의 정무 공간인 근정전과 왕비의 침소 공간인 교태전(交泰殿)만 겨우 남고 다른 부속 공간들은 거의 다 헐렸는데, 그 와중에 왕세자의 공간인 자선당(資善堂)도 헐리고 말았습니다. 그나마 남아 있던 근정전과 교태전은 공진회를 방문한 '귀빈'들의 휴식 공간으로 사용되고, 경회루 앞에서는 오케스트라를 동원하여 음악을 연주하기도 했습니다.

두 달 가까이 지속된 박람회가 끝나고 난 뒤 임시로 지어졌던 전시관들은 모두 철거되었습니다.

일본은 을사늑약 이후인 1906년부터 한국에서 통감 정치를 시작했는데, 이때 통감부 건물은 남산 기슭에 있었습니다. 1910년 한일 병탄 후 통감 정치가 총독 정치로 바뀌면서 건물도 총독부로 이름을 바꾸고 그대로 사용했습니다. 하지만 규모도 작고 위치도 남산 기슭이어서 불편했습니다. 좀 더 좋은 자리에 새 건물을 지어 이전하려 했는데 그 위치가 하필 경복궁 바로 앞이었습니다. 뒤편에는 경복궁과 북악산이 자리 잡고 앞쪽으로는 육조거리가 쭉 뻗어 있어 상징성이 매우 큰 곳으로, 한국을 장악하겠다는 야심을 그대로 드러낸 것이라 할 수 있습니다.

흥례문을 헐어내고 총독부를 짓다

조선총독부를 그 자리에 짓는 데 있어서 일본인 학자들의 반대도 있었습니다. 한국의 전통문화에 조예가 깊었던 미술 사학자 야나기 무네요시는 이것이 한국의 정기를 짓밟는 무자비한 처사라고 비난했습니다. 건축학과 교수였던 곤 와지로는 이후 한국이 독립했을 때 이 건물부터 허물어 버릴 것이라고 주장하며 반대했습니다. 지나치게 정치적 야심이 큰 건물을 지으면 이후 그 정권이 무너졌을 때 가장 먼저 헐리는 역사적 전례가 수없이 많았기 때문입니다. 일례로 로마 시대의 폭군이었던 네로 황제는 자신을 위해 호화로운 궁전을 지었다가 실각했고, 그 후 정권을 잡은 트라야누스는 제일 먼저 그 궁전을 헐어 버리고 그 자리에 콜로세움을 지었습니다. 황제 하나만을 위한 호화 궁전을 허물고 대신 시민 모두를 위한 경기장을 짓는다는 정치적 제스처이기도 했습니다. 건축의 역사에서는 이러한 사례가 많았기 때문에 조선총독부 건물도 한국인의 손에 의해 허물어질 것이라고 예견한 것입니다. 하지만 모든 의견을 무시하고 경복궁 바로 앞에 지어집니다. 이미 조선 물산 공진회를 개최할 때 흥례문을 헐어내고 제1호관이 들어섰는데 바로 그 자리에 짓기로 했습니다. 1916년 6월 25일 근정전 앞에서 벌어졌던 지진제는 이를 알리는 행사였습니다.

설계는 프로이센 출신의 건축가 게오르크 데 랄란데(George de Lalande)가 맡았습니다. 베를린 공과 대학을 졸업한 후 일본에서 활동하다가 총독부 건물 설계를 담당합니다. 당시 일본은 중요한 건물의 설계는 일본인이 아닌 외국인 건축가에게 맡기곤 했습니다. 뒤늦게 근대화에 뛰어들었기 때문에 건축에서도 국제적인 수준에 맞추기 위해서였습니다. 일본이 조선총독부를 짓기로 결정한 것은 1913년경인데 설계 의뢰도 그 즈음이었습니다. 그런데 전체적인 기본 설계를 마친 1914년 8월, 랄란데가 갑자기 폐렴으로 사

철거되기 전 경복궁을 가로막고 있던 조선총독부 건물. (1994년)

서윤영의 청소년 건축 특강

망하면서 함께 프로젝트를 진행했던 일본인 건축가 노무라 이치로(野村一郎), 조선총독부 건축과 직원이던 이와이 조자부로(岩井長三郎), 쿠니에다 히로시(國枝博) 등이 후속 작업을 담당합니다.

노무라 이치로는 이미 타이완에서 타이완 총독부(1919년 완공, 현 국립 타이완박물관)를 설계한 경험이 있고, 이와이, 쿠니에다 등과 함께 동경제국대학교 건축학과 출신이었습니다. 그런데 전반적인 건축 형태가 네오 르네상스 양식이었습니다. 일제 강점기 일제가 지은 관청 건물은 일본식이 아닌 유럽식이 많습니다. 영국이나 프랑스의 유럽 국가가 아시아, 아프리카의 식민지 도시에 관청을 지을 때는 자국 건축 형태를 살려 짓는 것이 보통입니다. 그래서 아시아 국가에서 생경한 유럽식 건물이 불쑥 솟아오르곤 합니다. 유럽 제국주의의 전례를 따른다면 일본도 조선총독부 건물을 지을 때 일본식으로 했겠지만, 그런 예는 거의 없고 대개 유럽식입니다. 왜 그랬을까요? 일본은 아시아에서 벗어나 유럽이 되기를 원했습니다. 이를 '탈아입구(脫亞入歐)'라 하여, 의식주 생활 전반에서 빠르게 유럽식을 받아들였습니다. 그래서 근대적 건축물인 관청, 학교, 백화점, 호텔 등을 지을 때도 유럽식으로 지었고, 이는 한국에도 그대로 적용되었습니다.

그런데 19세기 유럽에서 유행했던 건축 양식은 '역사주의'이며,

그중에서도 프랑스와 독일이 약간의 차이가 있었습니다. 프랑스에서는 절대 왕정인 루이 14세 시대의 바로크 양식을 다시 부활시킨 네오 바로크 양식이 유행했고, 독일에서는 네오 르네상스 혹은 신고전주의가 유행했습니다. 네오 바로크, 네오 르네상스는 명확한 구분이 어렵고, 일반인이 보기에는 그저 고풍스럽고 우아한 서양식으로 보입니다. 그래서 이 모두를 아울러 '프렌치 르네상스 양식'이라 부르기도 하는데, 일제 강점기 건물은 대개 이런 식으로 지어졌습니다.

그중 조선총독부 건물은 독일의 제국 국회의사당 건물을 모델로 한 네오 르네상스 양식입니다. 이는 기본 설계를 담당했던 게오르크 데 랄란데가 독일인이었던 이유도 있지만, 그보다는 일본의 정치적 모델이 독일과 비슷했기 때문으로 해석할 수 있습니다. 당시 유럽의 강대국은 영국, 프랑스, 독일이었는데 이 중 영국은 일찍이 명예혁명으로 왕권을 무력화하고 의회의 권한을 강화한 권리 대장전을 제정합니다. 프랑스 역시 대혁명을 통해 루이 16세를 처형합니다. 영국과 프랑스는 각각 젠트리(gentry), 부르주아(bourgeois)라는 중간 계급이 혁명을 일으켜 왕정을 약화시키거나(영국) 종식시켰는데(프랑스), 일본은 그럴 수 없었습니다. 메이지 일왕의 강력한 왕권을 바탕으로 근대화를 달성했던 일본으로서는

서윤영의 청소년 건축 특강

도저히 따라갈 수 없는 모델이었습니다.

그러나 독일은 달랐습니다. 19세기까지 군소 왕국의 느슨한 연합체로 있다가 강성한 프로이센을 중심으로 통일이 되어 황제가 통치하는 강력한 제국을 이룩합니다. 일본으로서는 가장 적합한 정치적 모델이었습니다. 일본 역시 각 지방을 장군들이 통치하다가 도쿠가와 이에야스가 이를 통일했고, 그 후 메이지 일왕이 친정을 시행하며 강력한 왕권을 행사한 역사를 갖고 있었기 때문입니다. 그러니 조선총독부 건물이 독일의 제국 국회의사당과 비슷하게 지어진 것은 당연한 귀결입니다. 총독부는 3만 1700여 제곱미터(약 9600여 평) 넓이의 땅에 지하 1층, 지상 5층으로 지어졌으며, 일본과 조선을 통틀어 가장 큰 건물이었습니다. 내부는 철근 콘크리트 구조로 하고 그 위에 화강암으로 마무리했는데, 건축 재료는 한반도 각지의 소나무와 화강암 등을 구해서 썼습니다. 1916년에 첫 삽을 뜨고 10년 후인 1926년에 완공되었으니 일본으로서도 심혈을 기울인 프로젝트라고 할 수 있습니다.

설계 당시 총독부 직원은 840명 정도였는데, 이후 인원이 더 증가할 것을 예상하여 대략 1200명이 근무할 수 있도록 지은 대형 건물이었습니다. 1층에는 넓은 중앙홀이 있고 총독실과 대회의실은 2층에 있었으며, 3층과 4층에는 각 관청의 사무실이 있었습니다.

한국의 실질적 지배 기구였던 조선총독부는 총독을 정점으로 그 아래 내무국, 재무국, 식산국, 법무국, 학무국, 경무국 등의 여섯 관청이 있었습니다. 이는 과거 조선의 6조 관청을 대체하는 새로운 조직이었습니다. 조선총독부가 들어서면서 경복궁 앞에 늘어서 있던 육조거리의 관청도 하나둘 철거되었습니다. 대신 그 자리에는 조선 보병대, 조선군 사령부 부속 청사, 경찰관 강습소, 경기도 경찰부 등 한국을 제압하기 위한 군대와 경찰 관련 시설이 지어졌습니다. 조선의 정궁과 그 앞의 육조거리는 그렇게 훼손되었고, 1929년에는 총독부 건물 앞에서 조선박람회를 개최하는 것으로 성대한 자축 행사를 가졌습니다.

다시 시민의 품으로

1945년 해방이 되어 일제는 물러갔지만 총독부 건물은 대한민국의 중앙 관청인 중앙청 건물로 사용되었습니다. 1950년에 발발한 한국 전쟁으로 서울의 건물은 대부분 파괴되었고 중앙 관청을 새로 지을 여력이 없어 기존 총독부 건물을 수리하여 사용한 것입니다. 그래서 1950~80년대 초중반까지 총독부 건물은 '중앙청'으로 불리면서 정부 중앙 관청 역할을 했습니다. 하지만 1980년대

중후반 들어 중앙청을 철거해야 한다는 의견이 나오기 시작했습니다.

경복궁 코앞에 자리 잡아 민족의 정기를 끊는 건물이니 하루바삐 철거해야 한다는 의견이 많았지만 누군가는 조심스러운 반대 의견도 냈습니다. 역사적 사료로서 가치가 있다는 것입니다. 총독부로 사용된 기간은 19년이지만 해방 후 잠시 미 군정청으로 사용되다가 1980년대 중반까지 중앙청으로 사용되었으니, 중앙청으로 사용 기간은 40년이 조금 넘습니다. 조선총독부로 사용된 기간보다 중앙청으로 사용된 기간이 2배 가까이 됩니다. 더구나 해방 후부터 1980년대 초반까지 대한민국 근현대사의 모든 중요한 일이 그곳에서 일어났습니다. 이승만 대통령의 취임과 하야 및 군사 쿠데타 등 굵직한 역사적 사건들이 일어났으므로 그 장소를 보존해야 한다는 의견도 있었습니다. 하지만 독립된 국가에서 정치적으로 상징성이 큰 자리에 총독부 건물을 그대로 둔다는 것은 있을 수 없는 일이었습니다.

건물 자체보다는 그 위치가 문제였습니다. 그래서 아예 다른 곳으로 옮기자는 의견도 있었습니다. 건물을 해체하고 다시 똑같이 짓는 방법입니다. 목조 건물이나 조적조 건물(벽돌식 건물)이라면 그 방법을 쓸 수도 있었습니다. 하지만 총독부 건물은 규모도 크

조선총독부 건물을 헐고 복원한 흥례문.

고 철근 콘크리트 건물이어서 그것도 어려웠습니다. 결국 광복 50주년인 1995년 8월 15일 철거하기로 합니다.

철거된 조선총독부 건물의 잔해는 일부 수습되어 현재 천안에 있는 독립기념관의 서쪽 마당에 전시되고 있습니다. 이후 경복궁 복원 사업과 함께 세종로도 점차 정비되기 시작했습니다. 2000년대부터 차선을 일부 축소하여 광화문 광장으로 만들었습니다. 세종대왕 동상이 설치된 그곳은 이제 모두가 사랑하는 장소이자, 집회와 시위가 벌어지는 민주주의 장소가 되었습니다. 축구나 기타 국제 경기가 열릴 때면 함께 응원을 하기도 합니다. 일제가 훼손한 경복궁의 전각 등도 복원이 이루어지고 있으며, 이제는 모든 영역이 개방되었습니다. 조선총독부가 있던 자리는 오늘날 널찍한 흥례문 앞마당이 되어 매일 두 번씩 경복궁 수문장의 교대식이 열리고 있습니다.

3

미술관이 된
덕수궁

1896년 2월 아관파천을 한 고종은 1년 가까이 러시아 공사관에서 지내면서 무언가 큰 계획을 세우고 있었습니다. 이듬해인 1897년 2월 고종은 러시아 공사관을 나와 경운궁으로 환궁을 하고 그해 10월 대한제국을 선포합니다. 이제 조선은 제국이 되었고 고종은 황제가 되었으며 경운궁은 황제가 머무르는 황궁이자 대한제국의 정궁이 되었습니다. 그렇다면 경운궁은 어떤 궁이었을까요?

경운궁 중건과 한성 개조 사업

조선의 궁은 정궁인 경복궁 외에도 창덕궁과 창경궁이 있었습니다. 그런데 임진왜란 때 일본군이 한양까지 쳐들어와서 경복궁은 물론 창덕궁과 창경궁까지 모두 불태워 버립니다. 피란에서 돌아온 선조는 급한 대로 월산대군(성종의 형)의 사저를 행궁(임시 거처)으로 삼게 됩니다. 본디 대군이 살던 집이어서 한양 내에서도 가장 규모가 크고 좋았지만, 궁궐로 사용하기에는 무척 좁았습니다. 그래서 인근의 민가를 더 사들여 궁궐로 지은 것이 경운궁(현 덕수궁)입니다. 바로 옆 경희궁도 그렇습니다. 경운궁과 경희궁은 임진왜란 직후에 급히 지은 궁궐이어서 규모도 작을뿐더러 곧 창덕궁과 창경궁을 중건하여 이어(移御)했기 때문에 실질적으로 사용된 기간도 짧습니다. 이 둘은 서쪽에 있다 하여 서궐(西闕)이라고도 불렸습니다. 그러다가 구한말 흥선 대원군이 경복궁을 중건하여 이어했고, 고종이 22세가 되어 친정을 하게 되었을 때 경복궁 뒤편에 따로 건청궁을 지었습니다. 이는 고종이 내탕금(內帑金, 임금이 개인적으로 쓰는 돈)을 들여 직접 지은 작은 규모의 궁으로 별도의 독립된 궁은 아니고, 경복궁의 한 영역에 속합니다. 굳이 사비를 들여 새 궁을 지은 이유는 아버지의 그늘에서 벗어나 자신만의 독자적인 정치를 펼치고 싶다는 의지로 이해할 수 있습니다.

그런데도 고종이 경복궁이 아닌 경운궁을 선택한 이유로 세 가지를 꼽을 수 있습니다.

첫째, 고종은 대원군과 정치적 입장이 달랐습니다. 대원군은 외세에 대해 강한 쇄국 정책으로 일관했고 내치에 힘쓰면서 경복궁을 중건했습니다. 하지만 고종은 개방 정책을 펼쳤고 메이지 유신을 단행한 일본을 참고해 대한제국 선포 후 광무개혁을 단행합니다. 이후 지어지는 건물은 서양식이 많습니다. 이처럼 정치적 노선에 따라 지어지는 건물도 달라집니다. 섭정을 했던 아버지의 그림자가 짙은 경복궁보다는 자신의 정치적 행보를 새롭게 펼칠 수 있는 경운궁을 선호했던 것으로 보입니다.

둘째, 고종의 대외 정책입니다. 경운궁 주변은 러시아 공사관을 비롯한 각국 공사관이 많았습니다. 1882년 조미수호 통상조약 이후 경운궁 땅을 조금씩 떼어 내어 미국, 영국, 러시아, 프랑스 등에게 공사관 부지로 내주었기 때문입니다. 쇄국이 아닌 개방 정책을 통해 외국과의 교류를 활발히 하고자 했던 고종으로서는 경운궁의 위치가 더 좋았습니다.

셋째, 을미사변이라는 비극적 사건입니다. 경복궁은 중전이 시해된 장소입니다. 이 때문에 아들 순종을 데리고 피신해야 했던 고종으로서는 그곳에 다시 돌아가고 싶지 않았을 것입니다.

대한제국 선포 후 경운궁은 대한제국의 황궁이 되었고, 고종은 제국으로서의 면모를 갖추기 위해 한성 개조 사업을 벌입니다. 우선 경운궁의 대안문(大安門) 앞에 큰 광장을 만들고 이를 중심으로 방사선형 도로를 만들고자 했습니다. 고종은 한성이 워싱턴이나 파리와 같은 국제적인 도시가 되기를 바랐습니다. 지금의 파리는 1850년 나폴레옹 3세가 오스만 남작을 파리 시장으로 임명한 뒤 대대적인 도시 재개발을 한 결과인데, 도시 설계 방식은 전반적으로 루이 14세 시절의 바로크 양식을 따르고 있습니다. 한가운데 개선문을 중심으로 도로가 사방으로 난 것을 볼 수 있는데, 이는 전 세계로 뻗어 나가는 국력을 형상화한 것입니다.

1790년대에 완성된 미국의 워싱턴도 그렇습니다. 도시 한가운데 워싱턴 광장을 두고 도로가 사방으로 뻗어 나갑니다. 당시 미국은 영국으로부터 갓 독립한 신흥국이었는데, 짧은 역사를 상쇄하기 위해 수도를 계획할 때는 고풍스러운 양식을 취하곤 했습니다. 강력한 왕권을 바탕으로 한 루이 14세 시절의 프랑스와 영국으로부터 독립한 신흥국 미국은 고종이 꿈꾸던 대한제국의 모습이었고, 한성 개조는 파리와 워싱턴에 영감을 받아 계획되었습니다. 한성 개조 사업의 실무는 내무대신 박정양, 한성판윤 이채연, 건축기사 심의석 등이 담당했는데, 이 중 박정양과 이채연은 워싱턴에 머물며 그곳에서 매우 깊은 인상을 받은 것으로 알려져 있습니다.

사업은 다음과 같이 진행됩니다. 우선 무질서하게 도로를 침범

한 가가(假家, 물건을 팔기 위해 임시로 지은 가건물, 이 말이 변해 나중에 '가게'가 됨)를 정리하고 종로와 남대문로의 도로 폭을 넓히고 독립공원과 탑골공원을 조성했습니다. 왕이 통치하던 왕국에서 황제가 통치하는 제국이 되었으니 그에 걸맞은 시설도 필요해졌습니다. 대안문 광장 맞은편에 환구단(圜丘壇)과 황궁우(皇穹宇)를 지었는데, 이는 황제가 하늘에 직접 제사를 지내는 공간입니다.

동아시아의 세계관에 의하면 하늘과 직접 소통하고 제사를 지내는 것은 중국 황제만이 할 수 있었습니다. 주변의 '왕국'에는 허용되지 않았어요. 하지만 이제 조선도 황제국이 되었으므로 하늘에 직접 제사를 지내기 위한 공간이 필요해졌습니다. 1897년에 환구단을 짓고 1899년에 황궁우를 완공합니다. 환구단은 땅을 평평하게 고르고 난 뒤 그 위에 작은 단을 쌓아 놓은 곳으로 제사를 지내는 공간입니다. 황궁우는 그 부속 건물로서 신들의 위패를 모시는 곳입니다. 아울러 서대문 밖에 있던 영은문을 허물고 독립문을 세우고, 모화관을 헐어 독립관도 지었습니다. 영은문은 청나라 사신들이 올 때 왕이 친히 나가 마중하던 곳이고, 모화관은 그 사신들이 머물던 곳입니다. 황제국인 청나라에게 예를 표하던 곳이었지만 이제 조선도 황제국이 되었으니 더 이상 그런 시설이 필요하지 않다는 의미였습니다. 또한 경운궁 뒤편에 우리나라 최초의 근

황궁우.

대적 재판소라고 할 수 있는 평리원을 두었습니다(1899년). 그전까지는 경복궁 앞에 있던 의금부에서 사법 기능을 담당했지만 이제 근대적인 국가가 되었으니 재판이라는 새로운 제도와 그 제도를 실행하기 위한 기관이 필요해진 것입니다.

우리나라에 지어진 최초의 서양식 궁전

경운궁도 황제국에 걸맞은 궁으로 새롭게 변모했습니다. 현재 남아 있는 고종의 사진을 보면 유럽식 황제복을 입은 사진이 있는가 하면, 전통적인 곤룡포 차림의 모습도 있습니다. 이는 대내적으로는 유교적 군신 관계를 유지하면서 대외적으로는 국제적인 면모를 갖추고자 했던 고종의 의지로 볼 수 있습니다. 이러한 양면성은 경운궁 중건에서도 드러나, 서양식 궁전인 석조전과 한옥 궁궐인 중화전, 함녕전이 공존하고 있습니다.

중화전은 왕이 업무를 보는 정전(임금이 조회를 하며 정사를 처리하는 장소)이고, 함녕전은 휴식을 취하는 침소 공간입니다. 중화전과 함녕전은 궁궐에 속한 전통 목수들이 지었고 석조전은 외국인 건축가가 담당했습니다. 설계는 영국인 건축가 하딩(G.R. Harding)이 담당했고, 1900년에 착공하여 1910년에 완공되었습니다. 3층 건물로 1층에는 커다란 중앙홀, 연회장, 접견실이 있고 2층에는 황제의 침실, 서재, 거실, 목욕실 등이 있었습니다. 전체적인 외관은 그리스 신전을 연상시키는 신고전주의 양식으로 18세기 유럽 궁전 건축에서 유행하던 모습입니다.

석조전 앞에는 정원이 마련되어 있는데, 우리나라 최초로 선큰 가든(sunken garden, 실제 지면보다 조금 낮게 계획된 정원)을 마련하고,

서윤영의 청소년 건축 특강

이를 침강원(沈降原)이라 불렀습니다. 요즘 백화점이나 지하철역 광장, 쇼핑몰 등에서 볼 수 있는 선큰 가든을 무려 100년 전에 지었으니 석조전이 세계화, 국제화를 지향한 첨단 건물이었음을 짐작할 수 있습니다. 분수도 있는데 이는 일본이 나중에 설치한 것입니다. 이렇듯 석조전은 우리나라에 지어진 최초의 서양식 궁전으로 우아하고 아름다운 건축물입니다.

이 밖에도 서양식으로 지어진 건물로 중명전, 정관헌이 있습니다. 중명전은 조금 규모가 작은 2층 건물입니다. 본래는 황실 도서관으로 사용하기 위해 지었는데, 업무도 보고 중요한 회의 장소로도 사용되었습니다. 바로 이 중명전에서 1905년 11월 17일 을사늑약이 체결되었습니다. 설계는 러시아 건축가인 세레진 사바틴이 담당했는데, 1883년 조선에 입국하여 왕실 관련 주요 건축물을 설계했습니다. 그는 을미사변 당시 경복궁에서 당직을 서고 있다가 명성황후가 시해되는 광경을 목격하고 그 날의 일을 소상하게 기록한 「사바틴 보고서」를 작성하여 일제의 만행을 세계 각국에 알린 것으로 유명합니다. 사바틴은 정관헌도 설계했는데, 이곳은 고종이 다과를 들며 음악을 감상하는 등 휴식 용도로 사용된 양식 건물입니다.

이처럼 경운궁은 고종의 지시에 따라 정궁의 면모를 갖추기 시

석조전.

중명전.

작했고, 인근의 경희궁과 연계하는 작업도 진행되었습니다. 1901년 8월에는 경희궁과 경운궁을 연결하는 홍교를 조성했는데 이는 우리나라에 지어진 최초의 육교입니다. 고종은 경희궁과 경운궁을 중심으로 하는 새로운 황성을 계획하고 있었고, 1906년에는 '대안문(大安門)'을 '대한문(大漢門)'으로 고쳐 불렀습니다. 그리고 이듬해인 1907년 네덜란드 헤이그에서 만국평화회의가 열릴 때 밀사를 파견합니다.

을사늑약은 강압 때문에 체결되었으므로 무효이며, 대한제국은 자주 독립국이라는 것을 전 세계에 알리는 것이 목적이었습니다. 하지만 이 계획이 실패로 돌아가면서 고종은 일제에 의해 강제로 퇴위하게 되고 아들 순종이 즉위합니다. 살아생전에 왕위에서 물러난 고종은 이태왕(李太王)이라 불리게 되었고, 순종은 아버지께 덕수(德壽)라는 존호를 지어 올렸습니다. 그러면서 경운궁도 덕수궁으로 이름이 바뀌고, 실권이 없는 곳이 되어 버렸습니다. 새롭게 황제가 된 순종이 일제에 의해 창덕궁으로 이어하게 되었기 때문입니다. 대한제국의 정궁이었던 경운궁은 이제 퇴위한 왕이 홀로 쓸쓸히 지내는 곳이 되어 버리고 말았습니다.

덕수궁 앞에 들어선 경성부 청사

고종은 1897년부터 1919년까지 덕수궁에 머물렀습니다. 재위 기간(1863~1907년)도 길었고 퇴위 뒤에도 승하 시까지 12년을 더 살았기에 백성들의 마음속에는 순종보다 고종이 왕으로서 더 깊이 각인되어 있었습니다. 그래서 순종이 기거하는 창덕궁보다 고종이 있는 덕수궁을 실질적 궁궐로 생각했습니다.

1919년 1월 21일 고종이 덕수궁 함녕전에서 승하하자 이를 계기로 3월 1일에 만세 운동이 일어났는데 이때 사람들이 가장 많이 집결한 곳은 탑골공원 앞, 광화문 광장 그리고 대한문 광장이었습니다. 특히 3월 3일 장례일에는 고종의 상여가 대한문을 통해 나왔기 때문에 대한문 광장 앞에 모였던 사람들은 크게 비통해했습니다. 이렇듯 중요한 공간이었던 덕수궁과 그 앞의 대한문 광장은 1919년 이후 주인 없는 공간이 됩니다. 이에 일제는 경복궁 앞에 조선총독부를 지은 것처럼 덕수궁 앞에 경성부 청사를 신축하기로 합니다. 조선총독부가 조선 통치 업무 전체를 관장하는 곳이라면 경성부청은 수도인 경성의 업무를 담당하는 곳으로, 지금의 서울 시청에 해당합니다.

본래 경성부 청사는 일본인들이 많이 살던 명동(현 신세계 백화점 자리)에 있었습니다. 점차 관할 업무가 많아지면서 좀 더 넓은 청

서윤영의 청소년 건축 특강

경성부 청사. 지금은 서울도서관으로 사용하고 있다.

사를 지어야 할 필요가 생기자 1924년부터 짓기 시작해 1926년에 완공되는데, 이 해는 조선총독부가 완공된 해이기도 합니다. 설계는 조선총독부 건축과에 근무하던 사사 게이이치(笹慶一), 이와츠키 요시유키(岩槻善之)등이 담당하고 현장 감독은 이와이 조자부로(岩井長三郎)가 담당했습니다. 당시 일본은 조선총독부처럼 상징성이 큰 건물은 외국인 건축가에게, 그 아래 지방 관청 등은 일본인 건축가에게 맡겼습니다. 이들은 대개 조선총독부 소속 건축가들로 동경제국대학 출신이 많았습니다.

총독부 건물이 웅장하고 화려하다면 경성부 청사는 실용적이면서 간결하게 지어졌습니다. 또한 덕수궁과는 대한문 광장을 사이에 두고 떨어져 있어서 조선총독부 청사에 비해 정서적 반감도 상대적으로 덜했다고 볼 수 있습니다. 그러나 결과적으로는 경복궁앞 조선총독부와 마찬가지 일이 반복되었다는 사실을 잊어서는 안 됩니다.

1924년 8월에 경성부 청사 신축을 위한 지진제를 지내는 것으로 공사가 시작되었습니다. 지하 1층, 지상 3층의 규모로 한가운데는 시계탑을 두었습니다. 당시 경성부 청사에서 근무하는 직원은 360명 정도였는데, 이후의 증가 인원까지 예상하여 500명 정도가 근무할 수 있도록 계획했습니다. 조선총독부의 신축 공사는 1916년에 시작하여 26년에 완공되었으니 10년 넘게 걸렸지만, 경성부 청사는 1924년에 시작하여 2년 뒤인 26년에 완공되었습니다. 겹치는 기간이 있다 보니 조선총독부 공사에 쓰던 화강석이나 대리석 등을 넘겨받아 사용하면서 건축비도 절감했습니다. 두 건물은 거의 동시에 완공되어서 1926년 10월 1일에는 조선총독부 낙성식, 10월 30일에는 경성부 청사 낙성식을 거행했습니다. 또한 그보다 앞선 4월 25일에 순종이 승하하면서 조선왕조의 맥이 끊어집니다. 1926년은 조선의 마지막 임금이 승하하고 조선 지배의 핵심적 건물 두 개가 완공된 해였고, 이후 노골적인 일제의 침탈

행위가 이어집니다.

대한제국의 상징이라 할 수 있는 환구단을 허물고 그 자리에 조선 철도호텔을 지었습니다. 이는 조선에 머무르는 일본인 손님들이 묵을 호텔로, 설계는 게오르크 데 랄란데가 담당했습니다. 최초의 근대적 사법 시설인 평리원을 허물고 그 자리에 경성재판소를 지었습니다(1928년). 전체적으로 삼엄하고 위압적인 분위기를 풍기는 건물이며, 전면 아치는 매우 권위적인 모습을 하고 있습니다. 독립문 근처 독립공원 자리에 서대문 형무소를 지었으니, 일제 강점기 독립운동을 했던 투사들은 경성재판소에서 재판을 받고 서대문 형무소에 감금되었습니다.

요약하면 고종이 대한제국을 선포한 뒤 제국의 면모를 갖추기 위해 지었던 건물은 고종의 승하 후 모두 훼손되거나 허물어져 버리고 그 자리에 새로운 건물이 지어졌습니다. 대원군이 경복궁 중건 사업을 벌였지만 일제는 그 앞에 조선총독부를 지었고, 고종이 덕수궁을 새로 짓다시피 했지만 그 앞에 경성부 청사를 지었습니다. 아울러 평리원은 경성재판소, 독립공원은 서대문 형무소, 환구단은 조선 철도호텔이 되었습니다. 이런 상황에서 고종이 심혈을 기울인 덕수궁도 무사할 리가 없었습니다.

미술관이 된 덕수궁

1919년 고종 승하 후 덕수궁은 10년 넘게 주인 없는 상태로 방치되었습니다. 그러다가 1933년 석조전이 일본 근대 미술품을 전시하는 미술관이 되고, 덕수궁도 공원이 되어 일반에게 공개되었습니다. 옛 궁궐이 미술관이나 박물관이 되어 일반에 공개되는 것은 꼭 우리나라에만 일어난 일은 아닙니다. 파리의 베르사유 궁전과 루브르 궁전, 러시아의 예르미타시 궁전 등도 현재 미술관으로 활용되고 있습니다. 대개 왕정이 붕괴하면 지난 시절의 왕궁은 박물관이나 미술관이 됩니다. 여기에는 이유가 있습니다.

전근대 사회에서 미술품은 왕족과 귀족이 독차지했습니다. 유럽 각국의 왕실은 미술품 수집에 열을 올렸고 이를 왕실 수장고에 모아 두었습니다. 하지만 민중이 혁명을 일으켜 왕정을 붕괴시킨 프랑스, 러시아에서는 이러한 왕실 수집품을 일반에게 공개했습니다. 과거 왕실만이 누리던 예술품 향유를 민중들도 누릴 수 있게 하기 위해서였습니다. 그런데 우리나라의 경우는 그 과정이 달랐습니다. 프랑스와 러시아에서는 혁명의 주역이었던 민중의 손에 의해 자율적으로 이루어졌지만, 우리나라는 일제에 의해 타율적으로 진행되었습니다. 전시된 미술품마저 우리의 전통 미술이 아닌 일본의 근대 미술품이었습니다. 또한 미술관으로 개조하는

서윤영의 청소년 건축 특강

덕수궁 전경.(1938년 경)

과정에서 내부 구조가 크게 변경되어 본래 모습을 잃었습니다. 본래 석조전은 1층에 큰 홀과 연회장, 대식당 등을 두었고, 2층은 고종의 침실과 서재, 황후 역할을 하던 후궁 엄비(嚴妃)의 침실과 화장실이 마련되어 있었습니다. 이 중에서 특히 2층의 훼손이 심해서, 침실과 화장실이 모두 철거되었습니다.

1936년 일제는 석조전 서쪽에 별관을 하나 더 지어 미술관의 규모를 키웁니다. 1937년에는 석조전 앞에 분수대를 설치했습니다.

분수는 매우 상징성이 강한 시설물입니다. 기원을 거슬러 올라가면 로마 제국이 속주를 개척할 때 식수를 확보하고자 우물을 파고 음수대를 만든 것에서 유래합니다. 물이 귀한 유럽에서 음수대를 만들어 시혜를 베풀면서 제국의 힘을 과시했고, 또한 이것은 세금 징수의 명분이 되기도 했습니다.

이러한 분수는 로마 멸망 후 한동안 잊혔다가 르네상스 시기 이탈리아에서 되살아나서 17세기 바로크 시대에 화려하게 꽃피었습니다. 절대 왕정 시기 유럽의 왕궁이나 도시에는 분수를 설치하는 것이 유행이었습니다. 이때가 되면 시민에게 식수를 제공한다는 실용적 목적에서 벗어나, 오로지 과시의 목적으로 지어집니다. 크기가 커지고 주로 로마 신화의 주인공들을 조각상으로 만들어 장식하면서 매우 화려해집니다. 로마의 트레비 분수(1732년), 베르사유 궁전의 라토나 분수(1668년) 등이 유명합니다. 이러한 바로크 시대의 분수가 덕수궁 앞에도 설치되었습니다.

요즘도 가끔 관공서 앞에 분수가 설치되어 있는 것을 볼 수 있는데, 특히 1960~70년대에 만들어진 분수는 장식이 화려하고 마치 웨딩케이크처럼 3~4단으로 이루어져 물줄기를 뿜어내는 것을 볼 수 있습니다. 이는 로마 제국주의와 왕권 과시를 위한 바로크 시대의 분수와 이를 모방했던 일본 제국주의 및 이를 다시 한번 더 모방한 1960~70년대의 사회 분위기에서 유래합니다.

한편 경운궁과 인접해 있던 경희궁은 궁궐 내의 전각이 철거되면서 그 땅이 매각되었고, 그 자리에는 일본인 교육을 위한 경성중학교가 세워졌습니다.

대한문 앞 광장은 교통의 결절점인 로터리가 되었습니다. 이곳은 3·1 운동 때 시민들이 가장 많이 집결한 장소였습니다. 독재 정권이나 지지 기반이 취약한 정권은 광장을 그다지 좋아하지 않습니다. 도심에 큰 광장을 만들면 시위나 집회 등이 곧잘 일어나기 때문입니다. 일제는 대한문 앞 광장을 없앴고 그 자리는 전차와 자동차들만이 지나다니는 황량한 길이 되어 버렸습니다.

서울도서관이 된 경성부 청사

해방 후 경성부 청사는 서울시청이 됩니다. 총독부 건물이 중앙청이 되었다가 결국 철거된 반면, 경성부 청사가 오늘날까지 살아남은 가장 큰 이유는 총독부 건물에 비해 정치적 상징성과 야심이 상대적으로 덜했기 때문입니다. 덕수궁과 어느 정도 떨어져 있었고 화려하거나 장식성이 강하지 않고 수수하게 지어진 실용적인 건물이라는 점도 한몫했습니다. 경성부 청사는 서울시청이 되어 60여 년 동안 사용되었습니다. 이후 점차 서울시의 업무가 늘어나면서 신청사 건립이 필요해졌고 2012년 구청사 바로 뒤에 새로운 청사가 들어섭니다. 예전 건물은 현재 서울도서관으로 사용되고 있습니다. 아울러 대한문 앞 광장은 한동안 시청 앞 로터리였다가 2004년에 다시 광장으로 돌아옵니다.

2002년 한일 월드컵 개최 당시 시민들이 함께 모여 응원한 것을 시작으로 이후 집회나 시위 및 문화 행사장으로 이용되기 시작하자, 서울시는 차도를 없애고 잔디를 심어 2004년 서울광장으로 만들었습니다. 파리 개선문 광장이나 워싱턴 광장처럼 만들고자 했던 고종의 계획이 100여 년의 시간이 흐른 뒤에야 비로소 이루어진 느낌입니다. 덕수궁 주변 시설도 모두 제 모습을 찾기 시작했습니다. 평리원을 헐고 지은 경성재판소는 해방 후 대법원으로 사용되다가 1995년 대법원이 서초동으로 이전한 뒤 서울 시립 미술관이 되었습니다. 독립공원 자리에 있던 서대문 형무소는 해방 후에도 교도소로 사용되다가 1987년 교도소가 경기도 의왕시로 이전하고 지금은 서대문 형무소 역사관이 되었습니다. 일제 강점기 독립투사를 투옥했던 시설이 그대로 재현되어 있어 당시의 모습을 엿볼 수 있습니다.

한편 덕수궁은 해방 후에도 미술관으로 사용되었습니다. 1936년 신축되었던 별관은 지금도 미술관이지만 석조전은 대한제국

경성재판소. 지금은 서울 시립 미술관으로 사용하고 있다.

서대문 형무소. 지금은 서대문 형무소 역사관이 되었다.

역사관이 되었습니다. 고종과 엄비가 사용하던 거실과 침실, 욕실, 식당 등 건립 당시의 모습을 그대로 복원해 당시 황실의 생활을 이해하는 데 도움이 됩니다. 한편 경희궁에 들어섰던 경성중학교는 해방 후 서울고등학교가 되었고 1980년대 서초구 서초동으로 이전했습니다. 현재 경희궁 터에는 서울 역사 박물관이 지어졌고 일부 전각이 복원되어 있습니다.

4 동물원이 된
창경궁

1909년 11월 창경궁이 일반에게 공개되었습니다. '구중궁궐(九重宮闕)'이라는 말처럼 삼엄한 경비 속에 꼭꼭 숨어 있던 궁궐이 누구나 와서 구경하고 쉴 수 있는 공원이 된 것입니다.

조선의 임금과 왕비, 공주와 왕자는 어떻게 살았는지 궁금해서 궁궐을 찾은 사람들은 그만 깜짝 놀라고야 말았습니다. 전각이 있어야 할 자리에 동물 우리가 있고 그 안에는 호랑이, 곰, 낙타, 공작새 등이 있었기 때문입니다. 창경궁 바로 옆 창덕궁에는 대한제국의 마지막 황제인 순종이 엄연히 살아 있던 시절이었습니다. 그런데 어떻게 이런 일이 생긴 걸까요?

순종 즉위와 창덕궁

창덕궁은 1405년 태종이 직접 계획하여 지은 궁입니다. 경복궁이 유교 이념에 따라 계획되었다면 창덕궁은 유교적 원칙보다는 왕과 그 가족이 생활하기 편하도록 지어졌습니다. 특히 후원(後苑)이 크고 넓었습니다. 성종 때는 창덕궁 옆에 창경궁을 하나 더 짓고 함춘원이라는 큰 후원도 두었습니다. 이곳은 왕이 신하들과 함께 활을 쏘거나 말을 타는 등 무예 연습장으로 사용되기도 했습니다. 또한 농업 국가인 조선에서 왕이 직접 농사를 짓던 권농장(勸農場)도 있었습니다. 창덕궁과 창경궁은 서로 맞붙어 있고, 경복궁을 기준으로 동쪽에 있다 하여 이 둘을 합쳐 '동궐(東闕)'이라고도 불렀습니다.

창경궁의 앞쪽은 종묘와 맞붙어 있었습니다. 종묘는 조선 역대 선왕들의 신위를 모신 곳으로 왕이 이 곳에서 제사를 지냈습니다. 창덕궁과 창경궁 및 종묘가 모두 맞붙어 있는 동궐은 매우 중요한 장소였고, 조선의 역대 왕들은 동궐에서 가장 오래 생활했습니다. 그러다가 구한말 흥선 대원군이 경복궁 중건 사업을 한 후 이어를 하면서 동궐은 잠시 비어 있었습니다. 하지만 1907년 순종이 즉위하면서 창덕궁으로 다시 이어를 했습니다. 그런데 1909년 11월에 창덕궁 바로 옆 창경궁이 동물원이 되어 일반에게 공개되더

일제 강점기 창경궁 정문인 홍화문 전경.

니 1911년에는 이름마저 창경원(昌慶苑)으로 바뀌었습니다. 왕이
사는 궁궐이 한낱 동물원이 되다니, 일제에 의해 훼손된 다섯 궁
궐 가운데서도 이 일이 가장 치욕적입니다. 더구나 이 일은 엄연
히 순종이 재위하던 중에 일어났습니다.

　경복궁 앞에 조선총독부가 세워진 것은 1926년의 일로, 고종이
아관파천(1896년)을 하고 난 뒤 30년 가까이 경복궁이 방치되다시
피 한 후의 일입니다. 덕수궁도 미술관이 되었지만 이는 1933년의

일로, 고종이 승하(1919년)하고 14년이 지난 뒤였습니다. 이처럼 어느 정도의 유예 기간을 거친 뒤에 새 건물을 짓거나 다른 시설로 이용했지만, 창경궁은 바로 옆 창덕궁에 순종이 재위하고 있는데 동물원이 되었습니다. 왕에게는 낮에는 관람객이 내는 떠들썩한 소리와 밤에는 동물들이 내는 울음소리가 그대로 들렸을 것입니다.

창경궁은 왜 '창경원'이 되었나?

창경원에는 동물원뿐 아니라 식물원과 박물관도 있었는데, 이 세 가지 시설은 서로 관련이 깊습니다. 근대적 의미의 동물원이라 할 수 있는 것은 루이 14세 시절 베르사유 궁전에 처음 생겼습니다. 그때는 남북 아메리카와 아시아, 아프리카, 오세아니아 등 새로운 대륙이 '발견'되던 시절이었습니다. 유럽이 세상의 중심이라고 생각했던 이들에게 있어 놀라운 일이었고, 특히 그곳에서만 서식하는 동물은 신기한 구경거리였습니다. 이 동물들을 가져와 구경하게 한 것이 동물원의 시작입니다. 제국주의가 도래하고 이들이 해외 식민지를 개척하면서 나타난 현상입니다.

베르사유 궁전 후원에 마련된 동물원도 그렇게 등장했습니다. 건물은 여섯 개 대륙을 상징하는 6각형 모양으로 지어졌고 각 영역마다 아시아, 아프리카, 남북 아메리카, 오세아니아와 유럽에서 서식하는 동물을 전시하고 한가운데 관람 탑을 두었습니다. 프랑스의 국력이 6대주로 뻗어 나간다는 것을 상징하는 건물이었습니다. 한편 영국에서도 왕실에서 소규모 동물원을 만드는 것이 유행했습니다. 야생에서 뛰놀던 동물을 온순하게 길들여 왕실 마당에서 키운다는 것은, 미개한 상태의 아시아인과 아프리카인을 길들여 영국의 신민으로 삼는다는 것을 은유했기 때문입니다. 이처럼 동물원에는 유럽 중심적인 사고와 제국주의적 시선이 담겨 있습니다. 인도의 공작새, 아프리카의 코끼리, 남극의 펭귄, 사막의 낙타 등 이국의 동물들은 낯설고 기이할수록 좋았습니다, 제국의 힘이 그렇게 먼 지역까지 뻗어 나갔다는 증거였으니까요.

한편 동물뿐 아니라 식물도 포획의 대상이었습니다. 제국주의의 주체인 영국과 프랑스는 위도가 높아서 겨울이 길고 추운 반면, 아프리카와 아시아 국가들은 열대나 아열대 지역에 있습니다. 그들의 눈에 유럽에서는 자라지 않는 열대 식물들은 몹시 신기했습니다. 사시사철 이 식물을 보기 위해 유리 온실을 만든 것이 식물원의 시초입니다. 식물을 키우는 것은 동물을 사육하는 것보다는 손쉬운 일이어서, 왕실뿐 아니라 유럽 귀족 사회에서도 크게 유행했습니다. 정원 한구석에 유리 온실을 만들고 '겨울 정원'이라고 불렀는데 겨울에는 그곳에서 산책을 했기 때문입니다.

때맞추어 18~19세기가 되면 산업 혁명으로 인해 유리와 철이 값싸게 대량 공급되기 시작했습니다. 철골로 뼈대를 짜고 그 위에 유리를 덮은 온실은 당시에는 첨단 기술이었고, 그 안에 심어진 열대 식물은 제국의 힘을 상징했습니다. 지금도 식물원이나 온실에 가면 열대 식물을 많이 볼 수 있는데, 그 기원과 유래가 바로 이 것입니다.

박물관 역시 같은 맥락으로 볼 수 있습니다. 현재 영국 대영 박물관에 가보면 이집트의 미라와 그 부장품, 그리스 시대의 조각상 등 영국이 아닌 다른 나라의 유물들이 더 많습니다. 이는 영국이 다른 나라를 식민 지배하면서 그 나라의 유물들을 노획하여 전시했기 때문입니다. 식민지에서 유물이나 왕실 보물을 빼앗아 자국에 전시한다는 점에서 박물관은 동물원, 식물원과 그 성격이 비슷합니다. 모두 식민 지배의 우월성을 과시하려는 목적이 있는데, 이들 시설이 우리나라 창경궁에도 있었다는 점은 비극적이라 할 수 있습니다. 일본이 내세운 명분은 순종에게 위안거리를 주고 백성에게 문화와 교양을 교육한다는 것이었습니다.

창경궁 전각들을 일부 허물어 동물 우리를 만들었는데 그때 경성에서 사립 동물원을 경영하던 유한성이라는 사람으로부터 동

창경궁 동물원의 물새들.

물을 사들이고 그를 직원으로 채용했던 것으로 알려져 있습니다.
주로 낙타, 원숭이, 공작, 타조, 앵무새 등 이국적인 동물이 많았습
니다. 그리고 1909년에는 창경궁 안에 '대온실'을 만드는데, 이것
이 우리나라 최초의 식물원이자 최초의 철골 유리 건물이기도 합
니다. 온실의 설계와 시공은 후쿠바 하야토(福羽逸人)가 담당했는
데, 프랑스 베르사유 원예학교에서 유럽식 정원을 공부하고 돌아
온 왕실 정원사입니다. 본래 일본 도쿄 신주쿠 어원(御苑, 황실 정

원)의 온실 설계를 담당했습니다. 규모는 신주쿠 어원 온실보다 창경궁 대온실이 네 배 정도 큽니다. 당시 조선에서는 주철과 유리를 구하기 어려워서 건축 자재는 전량 수입했고 시공은 프랑스 회사가 담당했습니다. 이렇다 보니 대온실은 프랑스풍이 상당히 강합니다.

앞에는 바로크 양식의 분수가 있고 주변의 정원도 프랑스식으로 조성되었습니다. 프랑스식 정원은 자와 컴퍼스로 그린 것처럼 질서정연한 기하학적 형태를 띠는 것이 특징입니다. 인공적인 형태를 배제하고 자연 그대로의 모습으로 정원을 꾸몄던 우리의 전통 정원과는 다른 모습입니다. 일본은 제도, 법규, 학문, 의학, 과학 등의 분야에서는 독일을 많이 모방했고, 문화, 예술, 건축은 프랑스, 그중에서도 루이 14세 시절의 바로크 양식을 많이 모방했는데, 여기서도 또 한 번 확인됩니다.

창경궁에서 가장 중요한 건물은 명정전으로, 왕이 매달 2회씩 신하들을 모아놓고 조회(朝會)를 하던 곳입니다. 바로 이곳에 모란을 심어 모란원을 조성하고, 주변 행각(行閣, 좁고 긴 단층 건물)에는 작약을 심은 화단을 조성했습니다. 그리고 창경궁 뜰 곳곳에 벚꽃나무를 심었습니다. 창경궁에는 춘당대라는 너른 마당이 있었습니다. 임금 앞에서 무예 시험이나 대과(大科) 시험이 치러지던 중요한 장소입니다. 그런데 일본이 이 춘당대를 없애고 춘당지라는 넓은 연못을 조성했습니다.

이제 창경궁에는 뜰과 연못에 온통 꽃나무가 심어진 가운데 박물관, 동물원, 식물원 등 유럽 제국주의 시절에 성행하던 시설이 모두 들어섰습니다. 이름조차 '창경원'으로 바꾸어 버리면서 조선의 궁궐을 한낱 놀이공원으로 만들었습니다. 1924년부터는 벚꽃이 피는 4월이면 창경궁 곳곳에 600여 개의 전등을 달고 밤에도 벚꽃 놀이를 즐기게 했습니다. 해가 져도 불야성인 곳에서, 나들이 온 사람들은 여기가 과연 조선의 궁궐인지 일본의 동물원인지 의아해했습니다.

제관 양식으로 지은 '이왕가 박물관'

일제는 1909년 명정전과 통명전에 '이왕가 박물관'을 만들어 11월 1일부터 일반에게 공개했습니다. 전시 유물은 삼국 시대의 불상, 고려청자, 조선백자와 회화 작품 등이었습니다. 처음에는 건물을 따로 짓지 않고 궁궐 전각에서 임시로 전시하다가 1911년 11월 30일 창경궁 자경전 터에 지하 1층 지상 2층의 박물관 건물을 신축하게 됩니다. 이 자리는 지대가 높아 박물관 건물은 더욱 높아 보였습니다. 동아시아의 건축 형태를 두루 절충하고 여기에 서

1911년 신축된 '이왕가 박물관'.

양식을 가미한 이른바 제관 양식(帝冠樣式) 혹은 흥아 양식(興亞樣式)으로 지어졌습니다. 제관 양식은 20세기 일본에서 발전시킨 양식으로, 몸체는 유럽의 신고전주의 양식으로 하되 여기에 동아시아의 전통 지붕을 얹은 것입니다. 동양적인 느낌과 우아한 유럽풍 이미지가 어우러진 독특한 형식인데, 이는 18세기 말 유럽에 대한 일본의 양면적 태도와 관련이 있습니다.

　일본과 중국은 18세기 말부터 문호를 개방하여 서양의 제도와

　　　　　　　　　　　　　서윤영의 청소년 건축 특강

문물을 받아들였는데, 이때 원칙이 있었습니다. 동양의 정신은 그대로 유지하면서 서양의 제도와 문물을 도구로서만 받아들인다는 동도서기(東道西器, 주로 중국의 입장), 화혼양재(和魂洋才, 주로 일본의 입장)의 원칙이었습니다. 이를 건축적으로 해석하면 건물의 기능을 담당하는 몸체 부분은 서양식으로 하되, 가시성과 상징성이 큰 지붕은 일본식으로 덮는 제관 양식이 탄생합니다. 한편 일본은 조선과 타이완, 만주 등에 식민 국가를 건설할 때 "아시아에서 먼저 진보한 나라가 아직 그렇지 못한 나라들과 서로 연합하여 서구 열강의 침략에 맞서야 한다"는 논리로 지배를 정당화했습니다. 아시아의 나라들이 모두 연합하여 다 함께 잘살자는 이른바 '대동아 공영'의 시발점이라 할 수 있는데, 이를 건축적으로 번역하면 흥아 양식이 나옵니다. 이는 제관 양식과 비슷합니다.

몸체는 서양식으로 하되 지붕은 조선, 중국, 일본 등의 지붕 형태를 두루 통합하여 만든 것을 덮은 형태라 할 수 있습니다. 제관 양식과 흥아 양식은 겉보기에는 큰 차이 없이 비슷하다고 할 수 있습니다. 1872년 일본 도쿄에 지어진 도쿄 국립 박물관은 제관 양식으로 지어졌는데, 약 40년 후인 1911년 창경궁에 지어진 이왕가 박물관도 이와 비슷합니다. 제관 양식이나 흥아 양식은 주로 일본인 건축가들이 설계를 담당했습니다.

창덕궁-조선의 역대 왕들이 가장 오래 머물렀던 공간

해방 후에도 창경궁은 한동안 동물원 겸 공원 역할을 했습니다. 1950년대부터 1980년대까지 서울에는 변변한 동물원이나 놀이 공원이 부족했기 때문입니다. 말로는 일제의 잔재를 청산해야 한다고 하면서 창경궁을 여전히 창경원이라 부르며 서울 시내 초등학생들의 소풍 장소나 중고생들의 사생 대회, 글짓기 대회 장소로 이용했습니다. 봄철에는 벚꽃놀이 장소로도 이용되었습니다. 그러다가 1970년대 말부터 창경궁을 본래의 모습으로 되돌리자는 이야기가 나오기 시작합니다.

우선 동물원부터 옮기기 위해 경기도 과천시에 있던 그린벨트를 일부 해제하여 서울대공원을 만들고 그곳으로 동물을 옮겼습니다. 1983~86년까지 창경궁 복원 공사를 하여 옛 모습을 되찾았습니다. 일제가 제관 양식으로 지은 건물인 이왕가 박물관은 1992년에 철거했습니다. 한편 대온실과 그 앞의 프랑스풍 정원은 그대로 두기로 했습니다. 일제 강점기의 건물이기는 하나 우리나라 최초의 유리 건물이자 식물원이라는 점에서 보존 의의가 있으며, 전반적으로 우아한 프랑스 궁전풍이어서 조선 왕실과도 어느 정도 어울린다는 점 때문이었습니다. 다만 온실 안에는 열대 식물 대신 우리나라 자생 식물을 심었습니다. 이제 창경궁은 동물원도 놀이

서윤영의 청소년 건축 특강

공원도 아닌 예전의 모습을 찾았습니다.

조선에는 다섯 궁궐이 있었습니다. 이 중 정궁인 경복궁 앞에는 조선총독부가 지어졌습니다. 서궐인 덕수궁 앞에는 경성부청사가 지어졌고, 덕수궁은 미술관이 되었습니다. 경희궁은 학교 부지로 팔려 나갔고, 이제는 거의 남아 있지 않습니다. 동궐인 창경궁은 가장 큰 수모를 겪어, 동물원이 되었다가 1980년대에 복원되었습니다.

창덕궁은 그나마 훼손이 적었습니다. 마지막 임금인 순종 황제가 1926년까지 살았던 궁궐을 어찌할 수 없었을 테니까요. 해방 후에는 고종의 막내딸인 덕혜옹주가 1962년에 귀국하여 창덕궁 낙선재에서 머물다가 1989년에 돌아가셨으니, 가장 마지막까지 왕족이 거주했던 곳입니다. 창덕궁은 조선의 역대 왕들이 가장 오래 머물렀으며 일제 강점기에도 비교적 훼손이 적었고, 가장 마지막까지 왕족이 거주했던 궁이라 하겠습니다. 그리고 그 창덕궁의 후원은 심한 훼손 없이 지금에 이르고 있습니다.

2부
민족성을 말살하는 일제의 건축물

5

함춘원과 성균관의 수난

창덕궁의 후원인 비원은 빼어난 경치를 자랑합니다. 한편 창경궁에도 정원이 있었는데, '봄을 머금은 정원'이라는 뜻으로 함춘원(含春苑)이라 불렀습니다. 창경궁 옆에는 성균관도 있었습니다. 장차 조선의 미래를 짊어지고 나갈 유생들이 공부하는 곳입니다. 동양의 전통적인 오행 사상에 의하면 동쪽은 봄을 상징하면서 또한 미래를 상징합니다. 동궐인 창경궁 옆에 마련된 함춘원과 성균관은 이러한 오행 사상에 꼭 맞는 장소였습니다. 하지만 일제 강점기 함춘원과 성균관도 수난을 겪었습니다. 함춘원 자리에는 병원이 세워졌고 성균관 앞에는 제국대학이 들어섰기 때문입니다.

창경궁 후원에 세워진 대한의원

우리나라에 전해진 서양 의학의 역사는 구한말 유럽의 선교사로부터 시작됩니다. 갑신정변 때 명성황후의 조카였던 민영익이 칼에 맞아 위독했는데, 미국인 선교사이자 의사인 호러스 알렌이 수술로 그의 생명을 구했습니다. 이에 서양 의학을 신임하게 된 고종은 1885년 국립 의료기관이라 할 수 있는 제중원을 세웁니다. 당시 비어 있던 홍영식의 집(현 헌법재판소 자리)을 임시로 사용하게 했습니다. 제중원의 이름이 널리 퍼지면서 많은 환자가 몰려들자 1887년에는 을지로에 병원을 지어 그리로 옮깁니다. 1899년에는 제중원 의학교를 설립하고 의학 교육도 시행하여, 1908년에는 7명의 졸업생도 나왔습니다. 하지만 곧 일본의 탄압을 받습니다. 서양 의학을 단순히 병원을 설립해 환자를 치료하는 차원을 넘어서 서구 국가들이 한반도에서 영향력을 넓히는 계기로 인식했기 때문입니다.

19세기 말은 전 세계가 제국주의의 침탈로 혼란스러웠습니다. 아시아 역시 일제뿐만 아니라 유럽 열강의 침략도 시작되던 시기였습니다. 대포로 무장한 함대를 앞세우고 나타나 개항을 요구하는 노골적인 침략이 있는가 하면, 종교와 의술을 내세운 보다 온건하고 유화적인 공세도 있었습니다. 종교와 의술은 그 자체로는 좋은 것이지만, 점차 교육과 문화 등에서 영향력을 넓혀 나가 마침내 경제와 정치를 장악하는 것이 제국주의의 오래된 전략이었습니다. 일본도 이런 점을 알고 있었기 때문에 유럽 선교사들이 한반도에 병원과 학교를 설립하는 것을 경계했습니다. 당시 일본은 조선인의 반발과 저항뿐 아니라 유럽 열강의 영향력도 견제해야 했습니다.

고종은 일본의 영향력을 약화시키기 위해 유럽 각국과 적극적으로 소통하는 정책을 취했습니다. 제중원도 고종의 후원을 받았습니다. 일제는 이를 견제하고자 1907년 대한의원을 세웁니다. 새로운 병원 건물이 필요해지자 일제는 창경궁 후원인 함춘원에 병원을 짓기로 하는데, 그중에서도 경모궁이 있던 자리에 병원을 짓습니다. 경모궁은 조선 후기 정조가 아버지인 사도세자를 기리기 위해 지은 사당이었는데, 바로 이 자리에 경모궁을 헐어내고 대한의원을 짓습니다.

설계는 탁지부 소속 건축가인 야바시 겐키치(失矯賢吉)가 담당했습니다. 탁지부는 조선 시대 호조의 업무를 대신하기 위해 1894년에 설립된 관청으로, 일제 강점기 주요 건물들 설계는 조선총독부 건축과와 탁지부에서 주로 맡아서 했습니다. 대한의원은 붉은 벽돌로 지은 2층 건물로 1908년 완공되었으며, 한가운데

대한의원 본관. 현재 서울대학교 의학 박물관으로 사용한다.

높은 시계탑이 설치되었습니다. 이는 현재 우리나라에 남아 있는
가장 오래된 시계탑입니다. 일제 강점기 지어진 건물 중에는 경
성역사나 경성부 청사와 같이 시계탑이 설치된 경우가 많습니다.
이는 시계가 당시의 첨단 기기이기도 했고, 무엇보다 무척 비싸
서 큰 부자가 아니고서는 찰 수가 없었습니다. 그래서 대형 공공
건물에 설치된 시계탑은 행인들에게 시간을 알려주는 역할을 했

습니다. 한양에는 원래 종로 보신각에 큰 종을 걸어 두고 정해진 시각에 종을 치는 것으로 시간을 알려 주었습니다. 시계탑은 중세를 대체하는 새로운 근대 문명의 시작을 상징했습니다. 부정확한 시간 개념에 기인하는 피식민지의 나태와 무질서를 계몽한다는 의미도 있었습니다.

19세기 영국이 그리니치 천문대를 기준으로 세계 표준시를 삼았듯, 일본도 이를 모방하여 경성 곳곳에 시계탑을 설치하여 근대적 시간 개념을 도입했습니다. 대한의원은 한일 병탄이 되던 1910년에 조선총독부 의원이 되었고 1928년에는 경성제대 의학부 부속 병원이 되었습니다. 이제 경모궁은 기단부만 남아서 서울대학교 의과대학 연건캠퍼스 내에 흔적만 남아 있습니다. 한편 그 맞은편에는 경성제국대학을 세웠는데, 이는 또 성균관의 바로 앞이었습니다.

성균관의 교육 기능을 없애다

성균관은 요즘의 대학에 해당하는 조선 최고 교육 기관이었습니다. 초등학교에 해당하는 것이 서당이고 중고등학교에 해당하는 것이 학당이었습니다. 한양에는 중부학당, 남부학당, 서부학당, 동부학당 등 네 곳의 학당이 있었는데 지금은 모두 사라지고 중학동, 남학동 등의 동네 이름에 흔적이 남아 있습니다. 지방에는 학당 대신 향교가 있었습니다. 조선의 학동들은 서당에서 공부한 다음 지방의 향교나 한양의 학당에서 공부했습니다. 그리고 1차 시험인 초시에 합격해야 성균관에 입학할 수 있었습니다. 성균관은 유학 교육에 주력하느라 과학, 의학, 수학 등의 자연과학은 가르치지 않았습니다. 세상은 변하는데 교육 과정이 이를 따라가지 못했습니다. 그러자 고종은 1895년 성균관에 3년 과정의 경학과를 따로 설치하여 역사, 지리, 세계사, 세계 지리, 수학 등을 배울 수 있게 했습니다.

이 시기 서양인 선교사들도 조선에 학교를 세웠습니다. 이화학당, 배재학당이 대표적인데 이들은 조선인의 거부감을 줄이기 위해 '학당'이라는 이름을 그대로 사용합니다. 고종 또한 서양 세력에 우호적이어서 이화학당, 배재학당 같은 이름을 손수 지어 주었습니다. 그런데 이들 학교 건물은 어딘지 모르게 중세 수도원과 비슷한 분위기를 풍깁니다. 유럽의 학교나 대학이 중세의 수도원 학교나 성당에 부속된 성당 학교에서 출발한 경우가 많았기 때문에 그 영향을 받은 것입니다.

당시 일본은 18~19세기 유럽에서 유행하던 네오 바로크, 네오 르네상스 양식의 건물을 주로 지었지만, 서양인 선교사들이 지은

일제 강점기 경학원으로 불렸던 성균관 대성전의 모습.(1925년)

배재학당 역사 박물관. 배재학당으로 쓰이던 건물을 복원했다.

학당 건물은 이러한 유행을 따르지 않았습니다. 보다 순수하고 소
박하며 정감 있는 형태였습니다. 이처럼 선교사들이 조선에서 영
향력을 넓혀 나가는 것을 일본은 바라지 않았습니다. 게다가 1919
년의 3·1 운동 이후에는 전국에서 우국지사들이 민립 대학 등 각
종 학교를 설립하려는 움직임을 보이고 있었습니다.

　성균관의 근대화, 외국인 선교사의 학당 건립, 민립 대학 설립
움직임 등을 일본이 가만히 두고 볼 리가 없었습니다. 여기에 대
한 탄압이 시작되었습니다. 성균관을 경학원으로 개명하고 교육

기능은 상실한 채 건물과 서적 등을 관리하는 곳으로 만들어 버렸습니다. 그리고 성균관을 대신할 근대적 학제로서 제국대학을 설립합니다. 제국대학은 동숭동에 지어졌는데 바로 성균관의 코앞이었습니다. 조선의 전통 건물 바로 주변에 새로운 건축물을 짓는 일제의 전략이 이번에도 또 반복된 것입니다.

일본의 여섯 번째 제국대학, 경성제대

일본은 유럽의 선진 기술과 학문을 받아들이는 데 적극적이어서, 1877년 유럽의 대학을 모방해 일본 최초의 대학인 도쿄 대학을 설립합니다. 처음에는 법학부, 문학부, 이학부, 의학부로 이루어져 있다가 1886년에 공학부가 추가되고 1897년 도쿄 제국대학이 됩니다. 뒤이어 교토, 도호쿠, 규슈, 홋카이도 등 일본 주요 지역에 제국대학을 세웁니다. 그리고 1924년 여섯 번째 제국대학인 경성제국대학을 조선에 세웁니다. 이때 법문학부는 성균관의 바로 앞인 종로구 동숭동에 두고, 의학부는 함춘원 자리인 연건동에 두었습니다. 그러면서 기존의 조선총독부 의원과 통합시켜 요즘처럼 대학과 병원이 함께 있는 형태가 되었습니다. 의사와 법관은 우리 생활과 밀접한 관련이 있어서, 그 인력양성에 국가가 개입합니다. 경성제국대학에 의학부와 법학부를 두는 것으로, 일본은 조선에서의 의료와 사법도 장악합니다. 그렇다면 경성제국대학의 모델은 무엇일까요?

유럽 대학의 시원은 크게 두 가지 방향에서 볼 수 있는데, 그중 하나는 중세 성당에 부속되어 있던 학교가 이후 대학으로 발달한 경우입니다. 주로 이탈리아, 프랑스, 영국의 대학이 이러해서 볼로냐 대학(이탈리아), 소르본 대학(프랑스), 옥스퍼드와 케임브리지 대학(영국) 등이 있습니다. 한편 1871년 뒤늦게 통일 제국이 된 독일에서는 민족주의가 강하게 대두하고, 통일 국가를 이끌기 위해 강력한 절대 왕권과 민족 개념을 내세웁니다. 독일의 대표적 대학인 훔볼트 대학도 이러한 분위기 속에서 탄생했습니다. 이때는 아직 독일이 통일되기 전이었지만, 서서히 강성해지고 있던 프로이센에서 국왕의 강력한 후원 아래 1810년에 건립된 대학으로, 독일 정신의 함양을 이념으로 내세웠습니다. 그래서 훔볼트 대학의 건축 형태는 중세 성당이나 수도원과는 달리, 프랑스 신고전주의 양식을 하고 있습니다.

일본의 제국대학도 독일의 대학과 비슷했습니다. 역사적으로 후발 신흥국이자 메이지 왕의 강력한 전제 왕권 아래서 급속히 근대화를 추진했으니까요. 대학의 명칭에 아예 '제국'을 넣은 사실이 이를 방증합니다. 일본이 설립했던 일련의 제국대학들은 훔볼트 대학과도 비슷한 신고전주의 양식을 하고 있습니다. 그래서 건물을 보면 다소 경직되고 고압적인 분위기를 풍깁니다. 한편 일제는 제국대학 외에 각종 전문학교도 설립했는데 이 역시 유럽의 학제를 따른 것입니다.

본래 유럽 중세의 대학은 신학부, 철학부, 법학부, 의학부, 교양학부로 이루어졌고, 졸업하면 성직자, 법관, 의사가 될 수 있었습니다. 하지만 대학에 가는 사람은 소수에 불과했고 나머지는 대개 농민이었습니다. 그중에 장인이 되고 싶은 아이는 어린 시절부터 다른 장인의 가게에 들어가 제자 겸 조수가 되어 어깨너머로 기술을 익혔습니다. 그런데 16~17세기부터 중세의 길드가 해체되면서 직업학교가 따로 생기게 됩니다. 여기서는 요리, 건축, 의상 등 실무에 필요한 지식을 가르쳤는데, 지금도 유럽에는 오랜 전통을 가진 요리학교나 패션 스쿨이 많습니다. 일본도 이러한 유럽의 학제를 모방하여 제국대학에는 법학부, 의학부, 이공학부 및 교양학부를 두었고, 이외의 실용적인 학문은 전문학교에서 배우게 했습니다. 대표적인 예가 공업전습소입니다. 1907년 지금의 대학로 자리에 공업전습소가 생겨서, 목공, 금공, 직물, 화공, 도기 등의 전문 교육을 담당했습니다.

공업전습소 본관 건물은 1908년에 지어졌는데, 1912년에는 같은 부지에 조선총독부 중앙시험소 건물이 신축되었습니다. 1916년에는 경성공업전문학교가 설립되었다가 1922년 경성고등공업학교가 되었습니다. 바로 이 학교에서 시인 이상(李箱)이 건축과 과정을 공부하게 됩니다. 경성고등공업학교는 해방 후 서울대학교 공과대학으로 재편되었고, 1970년대에 캠퍼스를 관악구 신림동으로 이전합니다. 공업전습소와 경성고등공업학교 건물은 모두 소실되었고, 현재 중앙시험소 건물만 남아 한국방송통신대학교 역사기록관으로 사용되고 있습니다.

당시 일본은 한국에 경성제국대학을 제외하고는 그 어떠한 대학의 설립도 허가하지 않았습니다. 3·1 운동을 전후해 전국 각지에서 우리의 손으로 민립 대학을 세우자는 운동이 벌어졌기 때문입니다. 일본은 이를 저지했습니다. 자기들이 세운 제국대학 하나만을 인정할 뿐, 나머지는 모두 기술 교육 위주의 전문학교로 만들었습니다.

대학의 거리가 된 봄의 정원

해방 후 경성제국대학교는 서울대학교로 재편되었고, 1975년 신림동으로 이전했습니다. 예전 법학부가 있던 자리는 현재 대학로 마로니에 공원이 되었습니다. 본관 건물은 한국문화예술위원

조선총독부 중앙시험소. 현재는 한국방송통신대학교 역사기록관으로 사용한다.

회 전신인 문예진흥원으로 사용되다가 현재 '예술가의 집'이 되었습니다. 예술가의 창작 활동을 지원하고 예술가와 시민 간 소통을 돕는 곳입니다. 경성제국대학 의학부는 서울대학교 의과대학으로 개편되었는데, 병원 등 주요 시설이 많아서 이전이 어려워 그 자리에 남아 지금도 여전히 의과대학 및 대학 병원으로 사용되고 있습니다. 대한의원 건물은 현재 의학 박물관으로 사용되고 있습니다.

한편 성균관은 해방 후 성균관대학교로 거듭났습니다. 조선 시

경성제국대학 본관. 예술가의 집으로 사용한다.

대 최고의 교육 기관이었다가 지금도 대학이 되었으니, 과거와의
단절 대신 승계와 발전을 이룬 사례라고 할 수 있습니다. 조선 시
대 동숭동과 혜화동은 성균관 유생들이 많이 사는 동네였습니다.
기숙사가 있었지만 부유한 양반가의 자제는 근처의 민가에 하숙
집을 정해 놓고 독방을 쓰기도 했다는 기록이 있습니다.

성균관의 유생들로 넘쳐났을 거리는 오늘날에도 여전히 대학

로라 불리면서 젊은이들이 모이고 있습니다. 마로니에 공원에는 문화 예술을 후원하는 '예술가의 집'이 있고, 마로니에 광장에는 주말이면 각종 행사와 공연이 펼쳐지곤 합니다. 때로 대학로의 차선을 통제하고 집회와 시위를 벌이는 것도 조선 시대와 닮았습니다. 유생들도 나라에 중요한 일이 생기면 일제히 상소문을 써서 임금님이 계신 궁궐까지 직접 들고 갔는데 그 행렬이 자못 비장했을 테니까요. 본디 대학로는 창경궁의 후원인 함춘원이 있던 자리였는데, 봄은 청춘과 미래를 상징합니다. 조선의 미래를 짊어질 유생들로 넘쳐났을 거리는 오늘도 여전히 청년 학생들로 활기찹니다.

6 민족성을 말살하는 조선 신궁

1925년 10월 15일 남산에 처음 보는 건물이 들어섰습니다. 사찰 같기도 하고 사당 같기도 했던 그 건물은 '신궁(神宮)'이라고 했는데, 일본 사람들이 믿는 신도(神道)라는 종교의 사원이라고 했습니다. 서양인 선교사들이 들어와 교회나 예배당을 짓기도 했지만, 산 위에 그렇게 크고 웅장한 건물을 지은 것은 일본이 처음이었습니다. 그뿐만 아니라 그날은 새하얀 옷을 입은 제관들이 여러 명 모여 낯선 행사를 진행했습니다. 건물에 신을 앉히는 진좌제(鎭座祭)라고 했습니다. 신도란 대체 무엇이고 거기에 앉혀진 신은 누구인지 한국 사람들은 의아하기만 했습니다.

서윤영의 청소년 건축 특강

일제의 유화 정치와 신궁 건립

일제 강점기인 1910~45년의 기간 동안 경성제국대학(1924년), 조선총독부 청사(1926년), 경성부 청사(1926년) 등 일제의 핵심적인 건물은 대략 1924~26년 사이에 지어졌습니다. 이런 대형 프로젝트들은 1~2년 정도의 내부 검토와 계획 단계를 거쳐 최종 승인이 났고, 그 후에 설계와 시공에 약 3~10년 이상이 걸렸습니다. 따라서 1924~26년 사이에 완공된 건물은 1910~20년 사이에 계획된 것입니다.

1919년 3·1 운동 이후 일제는 무단 통치에서 문화 정치로 노선을 변경합니다. 과거와 같이 강압적인 제압을 했다가는 반발이 크다는 것을 깨닫고 보다 온건하고 유화적인 방법을 택한 것인데, 일제의 중요한 건물들은 오히려 이 시기에 지어지고 있거나 계획되었습니다. 겉으로는 유화 정책을 펴는 듯했지만, 속으로는 한국을 장악할 건물을 짓거나 설계하고 있었던 것입니다. 정치(조선총독부, 경성부)와 교육(경성제대)에 이어 우리의 민족성을 말살하는 조선 신궁도 이미 계획되었습니다.

신궁이란 일본의 고유 종교인 신도의 사원을 말하는데, 이 신도는 19세기에 만들어진 새로운 종교입니다. 동아시아에서는 오래전부터 불교와 유교의 전통이 강해서 일상 속에 깊이 스며들어 있었습니다. 하지만 일본은 메이지 시대가 되면 불교와 유교는 본래 중국에서 들어온 외래 사상이라는 이유로 배척하고 일본의 토속 종교라 할 수 있는 신도를 새로이 정립합니다. 태초에 태양신인 아마테라스 오미카미(天照大御神)가 있었고 역대 일왕은 모두 그의 후손이라는 것이 주요 내용으로, 일본 고유의 민족 기원 신화를 좀 더 체계적으로 발전시킨 것입니다. 일본의 왕은 신의 후손이므로 살아서도 신격화되었고 죽은 후에는 호국신이 된다는 것이 신도의 믿음입니다. 물론 이런 생각은 왕조 국가라면 어디에나 조금씩 있기 마련이어서 우리나라도 고대 시대에는 이를 실제로 믿었겠지만, 조선 시대에 이르면 이를 믿는 사람은 거의 없게 됩니다.

하지만 일본은 근대 사회로 접어드는 19세기 말에 오히려 이런 믿음을 더욱 정교하게 의례화하여 신도라는 새로운 국가 종교를 만듭니다. 이는 18세기 유럽에서 민족주의가 대두하면서 애국심을 강조하여 국민을 단합시키는 기제로 이용했던 것을 선례로 하여, 일본도 다른 동아시아 국가와는 구별되는 배타적 우월성을 강조하고 국론 통일의 도구로써 활용할 사상이 필요했기 때문입니다. 우리나라도 산에 가면 산신령이 있어 산신제를 지내고, 바다에는 용왕님이 있어 용신제를 지내듯, 신도도 자연 발생적인 민간

신앙이었습니다. 특히 어업과 상업이 발달했던 일본에서는 배가 풍랑을 만나지 않도록 빌고 오늘 하루 장사가 잘 되기를 바라는 기복 신앙이 발달했습니다. 그런데 19세기 말 국가가 주체가 되어 이러한 민간신앙을 통합하고 그 최고 자리에 역대 왕들을 신격화시키고, 이들을 모시는 신사를 짓기 시작했습니다.

신도가 국가 종교가 되면서 기존의 불교는 탄압을 받았습니다. 일본에는 전국에 크고 작은 불교 사찰이 있었지만, 메이지 정부는 문화적으로 가치가 있는 몇몇 사원을 제외하고 전국적으로 4만여 개의 사찰을 폐쇄합니다. 그리고 이 불교 사찰을 대체할 신도의 사원인 신사와 신궁을 세웠습니다. 지금도 일본 여행을 하다 보면 곳곳에 크고 작은 신사가 있는 것을 볼 수 있는데, 개인 혹은 시장의 상인회나 마을에서 세운 것으로 대개 재물신을 모시며 규모가 작은 것도 많습니다.

신궁은 국가가 주체가 되어 세운 것으로 일왕의 사후에 그 신위를 둔 곳입니다. 대표적인 예가 도쿄에 있는 메이지 신궁(明治神宮)으로, 1912년 메이지 왕이 사망하자 신이 된 왕이 거처할 곳으로 지은 신궁입니다. 그 이전까지 왕이 죽으면 능을 조성하고 그 옆에 사찰이나 사당을 세우긴 했지만 대규모 신궁을 건립한 예는 없었습니다. 하지만 메이지 시대 신도가 새로운 국교가 되면서 크고 상징적인 신궁이 필요해졌습니다. 그래서 군대 훈련장으로 사용되던 아오야마(靑山) 연병장이 있던 자리에 큰 공원을 조성하고 그 안에 메이지 신궁을 세웠습니다. 경내에는 메이지 왕의 유품을 따로 전시하는 메이지 보물관도 세웠습니다.

한편 신궁 근처에는 일본 전통 씨름인 스모 경기장을 비롯한 각종 경기장을 두었는데, 그것이 지금의 요요기 국립 경기장입니다. 일본의 전통 신화에 의하면 스모는 신을 기쁘게 하기 위해 치르는 행사였기 때문에 신궁 옆에 스모 경기장을 두었습니다. 신궁 안에 보물관을 비롯하여 큰 공원과 각종 경기장까지 함께 있다는 것이 이색적인데, 이는 도심 한복판에 공원과 위락 시설을 함께 조성하여 시민에게 제공한다는 일종의 타협안이자 정치적 행동이라고도 볼 수 있습니다.

메이지 신궁이 조성된 1920년은 이미 근대 사회에 접어든 시기인데, 마치 고대 종교로 복귀한 듯한 신궁을 짓기 위해서는 무언가 타협안이 필요했기 때문입니다. 메이지 신궁은 1920년에 내원이 완공되었고 1926년에 외원까지 모두 완공되었는데, 그와 때를 같이하여 1925년 한양의 남산 위에도 조선 신궁이 완공됩니다. 여기에 진좌된 신은 일본의 시조신인 아마테라스 오미카미와 메이지 일왕입니다. 다시 말해 메이지 신궁과 조선 신궁은 동일한 시기에 조성되었으며, 동일한 신을 모시는 쌍둥이 신궁이라 볼 수 있습니다. 그렇다면 조선 신궁은 왜 남산에 세워졌을까요?

조선 신궁과 경성 신사

조선 시대에 일본인은 부산의 왜관을 제외하고는 도성의 거주가 허용되지 않았습니다. 그러다가 1885년 2월에 도성인 한양에 거주하는 것이 허용되면서 일본인 상인들이 들어오게 됩니다. 이들은 처음에는 왜성대라고 불렸던 남산 밑에 많이 몰려 살았습니다. 현재 왜성대는 예장동으로 이름이 바뀌었습니다.

이곳 주변을 걷다 보면 널찍하고 평탄하기보다는 조금 경사진 곳이라는 것을 알 수 있습니다. 남산 밑에 옹색하게 마련된 동네이자 비가 오면 물이 잘 빠지지 않아 질척거린다는 뜻에서 '진고개'라고도 불리던 곳이었습니다. 당시 널찍하고 좋은 땅은 남대문 근처의 명동이나 경운궁 근처였습니다.

명동은 지금도 중국 대사관이 자리 잡고 있는데, 본래 청나라 상인들이 많이 살았습니다. 한편 경운궁 쪽은 외국 공사관들이 선점하고 있었습니다. 그런데 청일 전쟁에서 일본이 승리하면서 일본은 청나라 상인을 몰아내고 점차 왜성대에서 명동 쪽으로 진출하게 됩니다. 이때 도성에 거주하는 일본인 거류민들이 점점 많아

왜성대 공원 전경. (1912년)

지자 일본인 거류민단은 신사를 건립합니다. 1897년 남산 아래에 왜성대 공원을 조성하고 그 안에 경성 신사(1898년)를 세웁니다.

그리고 약 28년이 지난 1925년에 총독부가 주관이 되어 조선 신궁이 완공됩니다. 사실 그 계획은 훨씬 앞서 이루어졌습니다. 메이지 일왕의 사망 직후인 1912년부터 신궁을 짓기로 결정하고 부지를 물색합니다. 이때 가장 중요한 조건으로 내세운 것이 높은 땅에 있어야 한다는 점이었습니다. 이렇게 되면 세 가지 이점이 있습니다. 첫째로 경성 어디에서도 신궁이 잘 보입니다. 둘째로 신궁에서 경성 전체가 다 내려다보입니다. 셋째로 신궁까지 이어지는 긴 참배로를 올라가는 동안 경건한 마음을 가질 수 있게 됩니다. 이러한 조건을 두루 갖춘 곳으로 대략 두 곳이 물망에 올랐는데 하나는 경복궁 뒤편 북악산이었고 또 하나는 남산이었습니다. 그런데 이곳은 모두 조선 초기부터 국사당(國師堂)이 있던 곳이었습니다.

국사당이란 우리의 단군왕검을 모시는 곳으로, 그 기원이 매우 오래된 전통 신앙입니다. 조선은 유교 국가라서 불교와 무속을 배격했지만, 단군왕검을 모시는 전통은 우리 마음 깊이 뿌리박혀 있었습니다. 국태민안(國泰民安)을 관장하는 호국신으로 생각하여 그 사당을 북악산과 남산에 하나씩 두었으며, 태조 이성계의 신위도 함께 모셨습니다. 경복궁을 기준으로 보면 북악산은 바로 뒤쪽에 있는 산이고, 남산은 눈앞에 마주 보이는 산이었습니다.

조선 신궁 후보지로 바로 이 두 곳이 선정되었는데, 결코 우연이라 할 수는 없습니다. 경복궁 앞에 총독부를 짓고, 성균관 앞에 경성제대를 설립한 것과 마찬가지입니다. 우리의 단군왕검과 태조 이성계를 아마테라스 오미카미와 메이지 일왕으로 대체하려는 것입니다. 그중 북악산은 산세가 매우 높고 가팔라서 건물을 짓기가 어려워 제외되고, 비교적 산세가 완만한 남산이 선정되었습니다. 기존에 있던 국사당은 인왕산으로 이전하고 1920년부터 조성 사업을 시작합니다.

일본의 신사는 크게 관폐사(官幣社)와 국폐사(國幣社)로 나뉩니다. 관폐사는 일본 왕실에서 직접 유지비를 내고 신에게 폐백(幣帛)을 바치는 곳이며 국폐사는 일본 정부가 유지비와 폐백을 담당하는 곳인데, 관폐사가 격이 더 높습니다. 그중에서도 관폐대사는 가장 격이 높았습니다. 조선 신궁은 한반도 내에 세워진 관폐대사(官幣大社)로 그 위계는 일본의 메이지 신궁과 이세 신궁, 삿포로 신궁(1871년), 타이완 신궁(1901년), 사할린의 가라후토 신궁(1911년)과 동일했습니다.

이세 신궁은 5세기 무렵 지어진 가장 오래된 신궁이자 모든 신궁의 총본산이라 할 수 있습니다. 전통적인 건축 방식으로 지어졌으나 내구력이 부족하여 20년마다 똑같은 방식으로 새로 짓는 것으로 유명합니다. 한편 삿포로 신궁은 일본이 홋카이도를 복속하고 난 후 1871년에 세운 신궁입니다.

청일 전쟁에서 승리한 일본은 타이완을 식민 지배한 후 1901년에 타이완 신궁을 세웠습니다. 러시아의 사할린 지역을 점령하면서 1911년에는 이곳에 가라후토 신궁을 세웠습니다. 즉 일본은 점령지나 식민지에 관폐대사를 세우는데, 조선에서도 이런 일을 똑

서윤영의 청소년 건축 특강

같이 자행했습니다. 남산에는 일본 거류민단이 세운 경성 신사, 총독부가 세운 조선 신궁 등 대형 신사가 두 개나 들어섰습니다. 이 중 조선 신궁은 관폐대사였고 경성 신사는 나중에 국폐소사로 승격되었습니다.

전국 거점 도시에 들어선 일본 신사

조선 신궁은 신이 기거하는 장소인 정전(正殿), 참배객이 절을 하는 장소인 배전(拜殿), 구슬과 방울, 칼 등 세 가지 성스러운 물품을 두는 신고(神庫) 및 각종 부속 건물을 포함하여 모두 15개의 건물로 이루어져 있었습니다. 남산에 지어졌기 때문에 참배로가 길었는데, 일제는 이를 모두 돌계단으로 조성하는 등 상당히 공을 들였습니다.

우리나라 유명한 절을 찾아가 보면 대개 깊은 산 속에 있습니다. 처음에는 평평한 숲길을 걷다가 조금씩 가팔라지면서 산속으로 깊이 들어갑니다. 이는 일종의 마음 여과 장치 역할을 합니다. 그 길을 걷는 동안 속세의 잡념이 사라지고 마음이 조금씩 안정되는 느낌을 받습니다. 또한 아무나 함부로 절에 들어오는 것을 방지하고 믿음이 깊은 사람만 들어오게 하는 역할도 합니다. 조선 신궁을 남산에 두고 긴 참배로를 두었던 것도 마찬가지 이유

서울 남산에 있던 조선 신궁 입구.(1945년)

입니다.

남산이 완만하다고는 해도 산은 산이어서, 돌계단을 연이어 올라가기란 쉽지 않습니다. 하지만 마침내 신궁에 이르렀을 때는 경성 시내가 한눈에 내려다보입니다. 일제 입장에서는 신궁에 올라 경성 전체를 내려다보면 한국 전체가 손아귀에 있다는 느낌을 받았을 것입니다. 고층건물이 많지 않았고 경성의 권역도 지금보다 작았던 당시라면 어딜 가나 조선 신궁이 보였을 것입니다.

한편 신사는 지방 거점 도시에도 지어졌는데, 그중 일본인이 많이 살던 인천과 부산에는 대형 신사가 들어섰습니다. 부산에는 임진왜란 이후 왜관을 두어 상인의 교류를 허락했기 때문에 일본인이 많았고, 이들이 세운 크고 작은 신사도 많았습니다. 1898년에는 일본 정부가 주관한 국폐소사로서, 용두산 위에 용두산 신사를 세웁니다.

인천도 1883년 개항과 함께 많은 일본인이 들어왔습니다. 1890년에 인천항 근처 전망 좋은 언덕 위에 인천 대신궁을 세웠습니다. 처음에는 아마테라스 오미카미를 모셨다가 이후 메이지 왕도 함께 모신 곳으로, 조선 신궁과 같은 격의 관폐사입니다. 용두산 신사나 인천 대신궁도 조선 신궁과 마찬가지로 산이나 언덕 위에 지어졌기 때문에, 부산 시내와 인천 앞바다가 한눈에 내려다보였습니다.

한편 대구, 평양, 광주, 춘천, 함흥, 전주 등 지방의 여섯 개 거점 도시에도 국폐소사급의 신사를 지었습니다. 그중에 대구 신사는 달성토성과 경상감영이 있던 자리에 지어졌습니다. 달성토성은 대구의 읍성으로, 외적을 방비하는 군사 시설에 해당합니다. 대구는 임진왜란 이후 경상감영을 두어 일본의 침입에 대비하는 지방 군사 도시의 성격이 강했습니다. 그런데 1894년 청일 전쟁 시기에 일본군 임시 헌병대 본부가 대구에 주둔하기 시작했는데 러일 전쟁 때는 그 수가 1500명까지 늘었습니다. 러일 전쟁이 끝나자 달성토성을 허물고 달성공원을 조성했으며, 1914년 이곳에 대구 신사를 지었습니다. 1930년대 이후 일본은 한국의 모든 면에 신사를 세운다는 '1면 1신사'를 내세우며 곳곳에 소규모 신사를 세웠습니다.

전시 체제기 호국 신사의 등장

한편 새로운 개념의 신사도 생겨났습니다. 1940년대가 되면 남산에 경성 호국 신사가 또 세워집니다. 호국 신사는 1937년부터 일본이 전시 체제로 돌입하면서 전쟁을 독려하기 위해 세운 새로운 개념의 신사인데, 대표적인 예가 일본의 야스쿠니 신사입니다.

서윤영의 청소년 건축 특강

이곳은 1869년 전사자의 혼령을 위로하기 위한 쇼콘사(招魂社, 초혼사)로 시작했다가, 1879년에 야스쿠니로 이름을 바꾸고 관폐사로 격을 높였습니다.

이후 일본이 일으킨 각종 전쟁, 특히 태평양 전쟁 전사자를 이곳에 봉안합니다. 그래서 지금도 일본 총리가 야스쿠니 신사에 참배하거나 공물을 바치면 한국과 중국에서 불쾌감을 드러냅니다. 호국 신사는 일본 고유의 전통을 넘어 군국주의를 정당화하는 기제로 작용하고 있기 때문입니다. 이러한 호국 신사가 남산에도 건립되면서, 이제 남산에는 경성 신사, 조선 신궁, 경성 호국 신사 등 세 개의 대형 신사가 들어섰습니다. 이 즈음 일제는 한국인에게 참배를 강요합니다. 1940년대 전시 체제에 돌입하면서 한국인들은 일정한 시간이 되면 신궁을 향하여 허리를 굽혀 절하는 '요배'를 해야 했습니다.

일제는 1939년에는 백제의 도읍이었던 부여에 신궁 건설을 계획했습니다. 본래 백제는 일본과 인연이 깊었습니다. 그래서 부여를 고대로부터 지속된 내선일체의 상징이자 일종의 성역화된 신도(神都)로 만들 계획이었던 것입니다. 일본 제국주의의 특징은 근린 제국주의로, 예전부터 알고 지내던 이웃나라를 식민 지배하는 것입니다. 이때 내세운 알량한 명분은 일본과 조선은 하나라는

'내선일체'였고, 고대 일본과 활발한 교류를 했던 백제는 좋은 본보기였습니다.

그리하여 백마강 앞 부소산 위에 신궁 건립을 계획합니다. 남산의 조선 신궁을 능가하는 대규모 신궁이었을 것으로 추정되는데, 공사가 진행되던 1940년대는 이미 전시 체제로 접어든 시기였습니다. 건축 자재의 수급과 인력 동원이 어려워 지지부진했고, 1945년 패전을 하면서 완공되지 못했습니다.

현재 일제 강점기의 신사는 남아 있지 않습니다. 경성과 지방 대도시의 관폐사나 국폐사는 물론 수백 개에 달했던 소규모 신사는 모두 한국인의 손에 철거되었습니다. 조선 신궁은 1945년 8월 15일 직후 일본의 제관들이 직접 허물고 관련 물품을 모두 불태우고 갔습니다.

정치색이 짙은 건물은 그 정권이 무너졌을 때 가장 먼저 철거됩니다. 소련이 붕괴할 때 레닌 동상이 밧줄로 묶여 끌어 내려지는 장면은 유명합니다. 1930~40년대 히틀러는 독일 제국을 꿈꾸며 새로운 수도 '게르마니아'를 구상했지만, 곧 패망하면서 그때 지어진 건물은 헐리고 말았습니다. 조선 신궁도 마찬가지였습니다. 일본인 제관들이 스스로 파괴하고 갔으며, 10년 후인 1955년에는 그 자리에 이승만 대통령의 80세 생일을 기념하는 동상이 28.4미

서울 남산에 있는 안중근 의사 기념관.

터의 거대한 높이로 세워집니다. 그러나 5년 후인 1960년에 4·19 혁명이 일어나면서 파괴됩니다. 그 후에 정권을 잡은 박정희 대통령은 이곳에 안중근 의사 기념관을 다시 세웠습니다.

부산의 용두산 신사도 마찬가지였습니다. 해방이 되자 신사 건물이 철거되었고 1955년에는 이승만 대통령의 호를 딴 우남공원이 되었습니다. 그리고 4·19 혁명 때에 용두산 공원이 되었으며, 이후 박정희 대통령은 그곳에 충무공 동상과 충혼탑을 세웠습니다. 그 외 지방 도시의 신사들은 학교가 되거나 공원이 되었습니다.

　남산의 경성 신사에는 현재 숭의여자고등학교와 숭의여자대학교가 들어섰으며, 인천 신궁 자리에는 인천여자상업고등학교가 생겼습니다. 대구 신사는 대구 달성공원, 광주 신사는 광주공원, 전주 신사는 다가공원이 되었고, 춘천의 강원 신사 자리는 현재 세종호텔이 들어서 있습니다. 그리고 함흥 신사와 평양 신사는 북한 지역이어서 정확히 알 수가 없습니다. 한편 부여 신궁을 지으려고 했던 자리는 1957년 삼충사가 건립되었습니다. 백제의 충신이었던 성충, 흥수, 계백을 기리는 사당입니다.

7

이토 히로부미 추모 사찰, 박문사

1925년 10월 15일, 경성에서는 두 개의 큰 행사가 동시에 벌어지고 있었습니다. 남산 위에서는 조선 신궁의 진좌제가 벌어졌고 동대문 근처에서는 우리나라 최초의 종합 운동장인 경성운동장이 개장했습니다. 그 다음날인 10월 16일에는 첫 경기로 조선 신궁 경기 대회가 열렸습니다. 이는 대체 무슨 경기였을까요? 신궁과 운동장은 무슨 연관이 있기에 같은 날 동시에 행사를 했던 것일까요?

별기군 해체 후 들어선 경성운동장

지금의 DDP(동대문 디자인 플라자) 자리에는 일제 강점기 때 경성운동장이 있었습니다. 좀 더 거슬러 올라가면 조선 시대에 군사를 훈련시키던 훈련원이 있던 곳이었습니다. 한양은 성벽과 사대문으로 둘러싸여 있었고, 방비를 위해 정해진 시간에 성문을 열고 닫았습니다. 우리나라는 산이 많은 지형적 특성 때문에 산등성을 따라 성을 쌓은 산성이 많습니다. 한양은 북쪽의 북악산, 남쪽의 남산(혹은 목멱산), 서쪽의 인왕산, 동쪽의 낙산(혹은 낙타산)이 둘러싸고 있었고, 여기에 도성을 쌓았습니다. 그런데 동쪽의 낙산은 유난히 낮아서 거의 언덕에 가까웠습니다. 그러다 보니 병자호란과 임진왜란 때 외적들이 이쪽을 공략하는 경우가 많았습니다. 이에 동대문 바깥에 옹성을 하나 더 쌓아 이중성으로 만들고, 군사 시설을 배치했습니다.

본디 동대문 근처에는 한양의 치안을 담당하는 하도감이 있었는데, 여기에 훈련도감과 어영청의 동별영을 추가로 두었습니다. 훈련도감이란 군사를 훈련시키고 병서를 편찬하는 관청이고, 어영청은 한양을 방어하는 군대입니다. 그리고 군사 훈련소인 훈련원도 두었는데 요즘 군대 연병장과 비슷한 평탄한 운동장입니다. 고종은 1881년 신식 군대인 별기군을 창설하고, 훈련원에서 훈련

서윤영의 청소년 건축 특강

시키지만 이듬해 임오군란이 일어나면서 일본군의 개입으로 별기군은 해체되고 훈련원도 유명무실해집니다.

그러다가 19세기 말 동대문의 성곽 일부를 해체합니다. 1898년 서대문과 청량리를 연결하는 우리나라 최초의 전차를 놓기 위해서였습니다. 당시 고종은 서대문과 가까운 경운궁에서 지내고 있었고 청량리는 을미사변 때 시해된 명성황후의 능이 있었던 곳입니다. 따라서 서대문을 출발해 종로를 경유하여 동대문 밖을 빠져나가 청량리까지 이어지는 전차는 상징적인 의미도 크고 기존의 종로 상권을 통과하는 실리적인 목적도 있었습니다. 동대문 성곽을 일부 철거한 것은 고종이 추진한 근대화의 일환이라고 볼 수 있습니다.

한양뿐 아니라 유럽의 중세 도시도 근대 도시로 전환될 때 기존의 성곽을 허물고 해자(성 밖을 둘러 판 못)를 메우는 일이 발생합니다. 성곽과 해자는 중세의 공성전에 대비하는 방어 시설이어서, 근대 도시에서는 제구실을 하지 못하는 경우가 많습니다. 또한 근대 도시로 성장하면서 인구와 교통량이 증가하는데 성문을 닫아걸고 있다가 정해진 시간에만 여는 것은 비효율적입니다. 그래서 성벽을 헐어 버리고 그 자리에 도로가 들어섭니다. 역사가 오랜 유럽 도시에서 흔히 볼 수 있는 도심 환상도로(도심을 빙 둘러 순환하는 도로)는 바로 옛 성곽의 흔적입니다. 혹은 해자를 메워서 그 자리에 도심 공원이나 학교를 짓기도 합니다. 근대 도시는 도로, 공원, 학교 등 많은 공공시설이 필요한데, 벌판에 새롭게 도시를 건설하지 않는 이상 구도심 땅을 활용할 수밖에 없습니다. 무엇보다 인구가 늘어나면서 도시의 권역이 확대되기 때문에 기존의 성곽은 의미가 없어집니다. 딱딱한 등껍질로 뒤덮인 갑각류들이 성장을 위해서 탈피를 하고 그 뒤에 훌쩍 자라 있듯, 중세 도시가 근대 도시로 성장하는 과정에서 성곽 허물기는 필연적 과정입니다. 우리나라도 구한말 전차를 놓기 위해 성곽 일부를 철거하는데, 이후에는 이 일이 우리 손이 아닌 일제에 의해 자행되었습니다.

일본은 별기군 해체 후 훈련원을 공원으로 조성하지만, 실제 공원으로 사용된 기간은 1919~25년까지로 짧았습니다. 아마도 다른 시설을 짓기 전에 임시로 공원으로 활용한 듯합니다. 1925년 바로 그 자리에 경성운동장이 개장하니까요. 운동장 설계는 조선총독부 소속의 건축가 오모리(大森)가 맡았습니다. 전체 면적 2만 8000여 제곱미터(약 8500평)에 1만 5000명을 수용할 수 있는 관람석을 갖추었습니다. 이것은 축구 경기와 각종 육상 경기가 가능한 종합 운동장이었고, 그 옆에는 전용 야구장 및 실내 수영장까지 있었으니 동아시아 최대 규모였습니다. 경성운동장이 개장한 다

경성운동장에 운집한 관중들 모습.(1925년)

음 날 조선 신궁 경기 대회가 열립니다. 요즘의 전국 체전과 비슷하게 매년 개최되었고 우승팀은 그해 가을 일본 도쿄에서 벌어지는 메이지 신궁 경기 대회에 출전할 자격이 주어졌습니다.

신궁과 체육 대회는 관련이 없어 보이지만, 본래 일본에서 스모를 비롯한 운동 경기는 신을 기쁘게 하기 위한 공물에 해당했습니다. 앞서 도쿄에 메이지 신궁을 조성하면서 인근에 스모 경기장과 종합 운동장인 요요기 국립 경기장을 두었다고 말씀드렸는데, 이 요요기 경기장 자리가 본래 아오야마 연병장이 있던 자리였습니다. 마찬가지로 훈련원 자리에 경성운동장을 지었고, 그 개장식이 조선 신궁의 진좌제 날짜인 1925년 10월 15일에 있었습니다. 도쿄에서 메이지 신궁 진좌제 날짜와 요요기 경기장 개장일이 똑같은 것처럼, 경성에서도 조선 신궁 진좌제와 경성운동장 개장식을 같은 날에 했습니다. 일본은 경성을 일본 제국의 지방 거점 도시로 생각했기 때문에, 도쿄처럼 주요 시설을 경성에도 두었는데 신궁과 운동장이 그러했습니다.

1925년은 일본의 히로히토 왕세자의 결혼이 있던 해입니다. 조선 신궁과 경성운동장 개장은 이 결혼을 축하하기 위한 사업이라고 당시 일본은 선전했지만 이는 표면적인 이유입니다. 거시적으로 보면 1924~26년 사이에 진행된 일련의 굵직한 건축 공사의 일환이자, 경성을 '제2의 도쿄'로 만드는 큰 그림 중에 하나였다고 할 수 있습니다. 1924년 경성제대 설립, 1925년 조선 신궁 준공일과 경성운동장 개장, 1926년 조선총독부와 경성부 청사 건립 등이 연달아 있었기 때문입니다.

경성운동장이 크게 야구장과 축구장으로 이루어진 것에서 알수 있듯이, 당시 가장 인기가 있었던 종목은 축구와 야구였습니다. 특히 1930년에 벌어졌던 경성과 평양 간의 경평 축구전은 많은 관중이 관람했습니다. 지금도 지역에 연고를 둔 프로 축구가 큰 인기를 끌고 있는데 경평전이 그 시초라 할 수 있습니다. 본래 프로 축구는 1870~80년대 영국 맨체스터에서 시작되었습니다. 맨체스터는 산업 혁명으로 급성장한 신흥 공업 도시여서 젊은 노동자들이 많았습니다. 특별한 역사적 전통이나 문화 기반이 없는 도시에서 축구는 노동자들이 손쉽게 즐기는 스포츠가 되었습니다.

본래 정치란 '빵과 서커스를 적절히 제공하는 일'입니다. 빵을 살 수 있을 정도의 일자리를 제공하고, 국민의 관심을 다른 데로 돌릴 만한 오락거리를 제공해야 하는데, 1870~80년대 영국에서는 공장과 축구가 그 역할을 했습니다. 한편 1910~20년대 미국에서는 마찬가지 이유로 야구가 유행했습니다. 1920~30년대는 조선에서도 공업화가 시작되면서 노동자 계층이 등장하던 때였습니다. 이들에게도 '빵과 서커스'가 필요했고 경성운동장에서 벌어지는 축구와 야구가 그 역할을 했습니다. 본래 군대를 훈련시키던 자리는 이제 근대 산업 사회의 스포츠와 오락 기능을 담당하는 공간이 되었습니다. 조선의 군사 시설을 허물어 공원과 운동장으로 만든 예는 또 있습니다.

장충단의 이토 히로부미 추모 사찰

동대문 근처에 동별영이 있었듯, 지금의 장충 체육관 근처에는 남소영이 있었습니다. 한양을 방비하는 어영청이 동쪽에는 동별영, 남쪽에는 남소영을 배치했기 때문입니다. 그런데 19세기 말 임오군란과 을미사변이 일어나 군인들의 희생이 많아지자 고종은 남소영 자리에 장충단을 세웁니다. 충(忠)을 장려(奬)하는 곳이라는 뜻으로 나라를 위해 순국한 군인들을 모신 사당이니, 요즘의 현충원과 비슷합니다. 1902년에 완공되었는데 장충단 비와 비각 및 부속 건물이 있었습니다. 하지만 일제는 이것도 가만두지 않고, 1919년 공원으로 만들어 버립니다. 이때는 조선 신궁 건립 계획이 진행되던 때였는데, 장충단은 위치상 남산과 맞닿아 있었기 때문에 조선 신궁의 참배로와 연결된 도심 공원으로 이용하기로 합니다.

서윤영의 청소년 건축 특강

장충단의 비석이 있던 곳 바로 앞부터 산책로를 조성해 양옆으로 벚나무를 심고 큰 연못을 파서 금붕어와 오리를 길렀습니다. 연못에서 남산 쪽으로 올라가는 참배로와 연결되는 길을 산책로로 만들어 벚나무를 심고 곳곳에 벤치를 놓았습니다. 이 연못과 산책로는 지금도 남아 있어 남산 산책로와 연결됩니다. 일제 강점기에도 장충단 공원에서 그 길을 따라 걷다 보면 조선 신궁에 이르렀을 것입니다. 한편 장충단 공원의 공터는 운동장으로 만들었습니다. 훈련원이 경성운동장이 되었듯, 남소영이 있던 자리도 운동장이 된 것입니다. 1921년에 개장했는데 경성운동장에 비하면 작은 규모였고 1930년대 후반부터는 자전거 경기장, 스모 경기장, 연식 야구장 등을 조성했습니다.

한편 1932년에는 장충단 공원 내에 한국 침략의 원흉인 이토 히로부미를 추모하는 사찰 박문사(博文寺)를 건립합니다. 이토 히로부미는 초대 조선 통감을 지냈고 1909년 만주 하얼빈에서 안중근 의사에 의해 저격당하는데, 일본의 입장에서 보면 순국입니다. 그래서 사망 20주년이 되는 1929년에 추모 사찰을 짓기로 하는데 그 위치가 바로 장충단 자리입니다. 본래 고종이 순국 군인들을 배향하기 위해 마련한 곳에 추모 사찰을 지으니, 기존의 시설 위에 새 시설을 짓는 이른바 '덮어 버리기' 수법을 또 한 번 쓴 것입니다.

박문사 본당 모습.(1938년)

　박문사의 설계는 조선총독부 소속의 사사 게이이치(笹慶一)가 담당했는데, 일본 가마쿠라 시대의 불교 건축 양식에 따라 지어졌습니다. 낙성식은 1932년 10월 26일에 진행되었는데, 이는 이토 히로부미의 기일이었습니다. 하지만 박문사는 고작 10여 년밖에 사용되지 못하고 곧 철거되었습니다. 해방이 되었기 때문입니다. 이 자리는 박정희 대통령 재임 중이던 1967년에 외국 국빈을 맞이하는 영빈관이 들어섰다가 1973년 신라호텔에 매각되었습니다. 한편 운동장이 있던 자리는 해방 후 육군 운동장으로 사용되다가

1963년 장충 체육관이 지어졌는데, 우리나라 최초 실내 체육관입니다. 그리고 넓은 장충단 공원 터에는 현재 동국대학교가 자리잡고 있습니다.

의류 디자인 중심지 동대문

해방 후에 경성운동장은 서울운동장이 되었습니다. 축구와 야구 및 전국 체전이 벌어지는 곳으로 유명했는데, 서울올림픽을 앞둔 1980년대 잠실에 종합 운동장을 지으면서 동대문운동장으로 이름을 바꿉니다. 1982년 프로야구가 출범하고 1983년 프로축구가 출범하면서, 서울 팀의 홈구장 역할도 했습니다. 하지만 점점 시설이 노후화하면서 2000년대 들어 재건축 얘기가 나오기 시작했습니다.

이때 체육계 인사들은 오랫동안 운동장으로 있었고 무엇보다 프로 스포츠 출범과 함께한 곳이니 그곳에 현대적인 운동장을 지어야 한다는 의견을 냈습니다. 하지만 본래 조선 시대 서울 성곽이 있던 자리이자 하도감과 훈련원이 있던 곳이었습니다. 이에 지역의 성격을 살려 역사 문화 공원을 만들기로 했습니다. 아울러 주변에 군소 봉제 공장도 많아 우리나라 최대의 의류 시장을 형성하고 있으니 이런 특징을 살려 동대문 디자인 플라자 즉 DDP를 짓기로 했습니다. 2003년 기존 운동장은 폐쇄되고 2008년부터 공사를 시작했습니다. 이 과정에서 과거 훈련원과 하도감 유적 및 청계천의 물을 방류하던 이간수문의 흔적이 발견되었습니다. 이는 어느 정도 복원하여 DDP 내에 전시되고 있습니다. 그런데 왜 동대문 근처에는 의류 도매 시장이 많았던 걸까요?

그곳은 본래 훈련원 터여서 주변에 군인들이 많이 살았습니다. 직업 군인인 이들은 돈이 아닌 옷감으로 봉급을 받았습니다. '방군수포제'라는 말을 들어 보았을 것입니다. 조선 후기 모병제를 실시했는데, 군대를 가지 않는 사람은 대신 세금으로 베를 냈습니다. 이는 군대를 운영하는 데 필요한 경비와 군인들 봉급으로도 사용되었습니다. 군인 가족은 이 베를 팔아서 생활에 필요한 물품을 샀습니다. 이 때문에 동대문 주변에는 훈련원 군인 가족이 내다 파는 옷감이 많았고, 솜씨가 좋은 사람은 더 많은 돈을 벌기 위해 댕기나 버선, 띠, 대님 등을 만들어 팔았는데, 이를 직뉴업(織紐業)이라 했습니다.

일제 강점기에 일본 자본이 밀려오기 시작하자 가내 수공업 형태로 일하던 이들 직뉴(織紐)업자들이 모여 1910년 경성직뉴회사를 만들고 이듬해인 1911년에는 주식회사로 전환합니다. 그리고 이는 1940년 경성방직회사에 합병되었고, 1970년에는 회사명을

DDP(동대문 디자인 플라자).

'경방'으로 바꾸어 현재에 이르고 있습니다. 조선 시대에 시작된 의류 가공업의 맥이 현재까지 이어지고 있는 셈이고, 지금도 동대문에는 소규모 의류 공장이 많습니다. 이곳을 의류 디자인 중심지로 만들겠다는 발상으로 지어진 것이 DDP입니다.

설계는 이라크 출신의 영국인 건축가 자하 하디스가 담당했으며, 부정형(不定形)의 거대한 은색 건물입니다. 마치 외계에서 날아온 UFO 같기도 한 모습에 사람들은 놀라기도 했고, 무엇보다 역사와 전통을 존중해야 할 곳에 지나치게 현대적인 건물이 들어섰다고 우려를 나타내기도 했습니다.

대형 건물을 지음에 있어 '왜 전통적인 형태로 짓지 않는가?'라는 의문을 제기하는 사람이 많습니다. 이는 꼭 DDP에만 국한되는 문제가 아니라 박물관, 각종 관공서나 공공건물 등 대형 프로젝트를 진행할 때마다 제기되는 의문입니다. 지난 많은 시간 동안 공공건물을 지을 때면 한옥을 연상시키는 형태로 짓는 것이 당연시되었습니다. 그런데 이는 18~19세기 유럽 역사주의의 부활과 19~20세기 초반 이를 모방한 일본의 네오 바로크와 네오 르네상스 양식 및 일본이 자체 개발한 제관 양식과 흥아 양식의 한국판 번안이라고 할 수 있습니다.

몸체는 철근 콘크리트조에 지붕만 기와지붕을 하고 있는 건물

서윤영의 청소년 건축 특강

이 1960~70년대 많이 지어졌습니다. 이러한 인식은 1980~90년대까지도 남아 있었지만, 2000년대에 들어서는 이 역사주의와도 결별하게 됩니다. 큰 틀에서 보면 일제의 잔재 및 그를 모방한 1960년대 박정희 시대의 개발주의를 넘어선, 성숙한 건축 문화의 확립이라 할 수 있습니다.

DDP를 위에서 내려다보면 두 개의 큰 덩어리로 이루어져 있어 예전 축구장과 야구장이 있던 흔적을 보여주고 있습니다. 무엇보다 디자인 플라자로 계획되어 재능 있고 창의적인 디자이너들의 창업 타운 역할도 하고 있기 때문에 조선 후기부터 댕기와 버선, 대님 등을 만들어 팔던 역사성도 계승하고 있습니다. 의류 중심지이자 운동 경기장이었던 두 가지 역사적 층위를 모두 계승한 건물이자, 세계적 추세에 따라 지은 미래 지향적인 건물입니다.

3부
건축으로 보는
일제 잔재 청산

⑧ 종로에서 명동으로 바뀐 상권

1912년 1월 지금의 명동 앞에 유럽의 대저택을 그대로 옮겨 놓은 듯한 건물이 들어섰습니다. 그것은 조선은행이라고 했습니다. 1930년에는 조선은행 바로 맞은편에 미츠코시 백화점이 생겼습니다. 지금까지 한 번도 본 적이 없는, 은행과 백화점이라는 건물이 20여 년 사이에 연거푸 들어선 것입니다. 조선은행 앞에는 광장이 형성되었고 전차를 비롯하여 많은 사람이 오갔습니다. 그곳은 조선은행 앞이라는 뜻으로 선은전(鮮銀前)이라 불렸는데, 마치 여의도나 강남대로와 같은 금융과 상업의 중심지였습니다. 경성의 돈은 모두 이곳에 몰려 있는 듯했습니다.

선혜청과 육의전

요즘은 상점에서 물건을 살 때 돈을 주고받지만 조선 시대만 해도 이러한 화폐 경제가 완전히 자리 잡지 못했습니다. 상평통보가 발행되긴 했지만, 쌀이나 옷감으로 세금을 내는 것이 일반적이었습니다. 특히 쌀이 매우 중요해서 쌀값을 안정적으로 관리하기 위해 조선 초기에는 상평창을 두었고, 조선 후기 대동법 시행 이후에는 선혜청으로 이름을 바꾸었습니다. 조선 시대에는 화폐 발행권을 독점하는 국책 은행은 없었지만, 세금으로 걷은 쌀을 관리하는 선혜청이 그 역할을 했을 것입니다. 선혜청은 지금의 남대문 근처에 있었습니다.

한편 유통과 상업을 담당하는 것은 시전(市廛)으로, 일종의 국영 상점이었습니다. 조선 초기의 경제는 현물 경제여서 각지의 특산물을 공납으로 내면 이를 왕실과 관아에서 사용했습니다. 이때 많이 거둔 것은 팔고 모자라는 것은 추가로 구매하기 위해 만든 것이 시전입니다. 시전은 종로에 몰려 있었습니다. 정부는 종로에 긴 행랑을 설치하여 상인에게 임대하고, 그에 대한 세금으로 1년에 저화 40장을 받았습니다. 그런데 시전 중에서도 여섯 종류의 물품을 취급하는 상점이 특히 규모가 컸습니다. 중국산 비단을 취급하는 선전, 국산 비단을 취급하는 면주전, 무명을 파는 면포전, 모시를 파는 저포전, 종이를 파는 지전, 어물을 파는 어물전 등이었습니다. 이것이 바로 육의전(六矣廛)입니다. 국가가 인정한 독과점이자 한양 상계를 장악한 이들은 당시 노른자 땅이라고 할 수 있는 종로 1가에서 3가까지 자리 잡고 있었습니다.

이 중에서도 가장 규모가 컸던 곳은 중국산 비단을 취급하는 선전이었습니다. 비단은 오직 중국과의 조공 무역으로 들여올 수 있었으니 물량도 귀할뿐더러 품질도 고급스러워서 요즘의 명품 브랜드와 비슷했을 것입니다. 선전은 종로에서도 1번지라 할 수 있는 종각 앞 네거리(현 종로타워 자리)에 자리 잡고 있었습니다. 한편 무명을 취급했던 면포전은 청계천 광통교(廣通橋) 근처에 있었습니다. '사람이 많이 지나다니는 넓은 다리'라는 이름에 맞게 청계천에서 가장 크고 넓은 다리였습니다.

육의전 중에서도 선전과 면포전이 1~2위를 다투었지만, 19세기 말부터 이것도 쇠퇴하기 시작합니다. 1882년 청나라 상인이 한양에서 자유롭게 장사를 할 수 있게 되면서 중국산 비단이 직수입되었기 때문입니다. 옛날 유행가 중에 하나인 '비단 장수 왕서방'이 바로 이때의 상황을 말해 줍니다.

이렇게 되자 육의전 상인들도 가만있지 않았습니다. 상인 단체인 상회(商會)를 결성하여 시장을 만들기도 했습니다. 1897년 선혜청이 있던 자리에 들어선 남대문시장, 1905년 동대문에 들어선 광장시장이 바로 그것으로, 이 시장들은 지금도 유명합니다. 한편 자본금을 모아 은행을 설립하기도 했습니다.

무명을 취급했던 면포전은 직물 색깔이 새하얗다고 해서 백목전이라고도 불렸고, 은도 함께 취급해서 은목전(銀木廛)이라고도 불렸습니다. 은행(銀行)이라는 말에서도 알 수 있듯 은은 동아시아에서 화폐 대용으로 통용되었습니다. 본업인 무명 외에 은도 함께 취급할 정도로 규모가 컸던 은목전 상인들이 공동 출자하여 1899년 대한천일은행을 설립합니다. 위치가 은목전 도가(都家, 은목전 전체의 총사무소 역할을 하던 곳)가 자리 잡고 있던 광통교 근처였기에 '광통관'으로 불리기도 했습니다.

은목전이 세운 은행, 광통관

광통관 즉 대한천일은행은 우리나라 최초의 근대적 은행으로 은목전 상인들의 출자로 세웠다는 점에서 의의가 있습니다. 조선 상계의 맥이 끊이지 않고 근대적 경제 체제로 전환되었으니까요. 대한천일은행은 해방 후 상업은행이 되었다가 현재의 우리은행이 되었는데, 그때 지었던 광통관 건물을 지금도 사용하고 있습니다(우리은행 종로지점).

서윤영의 청소년 건축 특강

광통관. 현재는 우리은행 종로지점으로 사용한다.

　건물은 1909년에 처음 지었다가 1914년에 화재가 나서 1915년에 다시 복구했습니다. 붉은 벽돌로 지어진 2층 건물로, 흰색 화강암 기둥으로 장식했습니다. 프랑스의 베르사유 궁전을 축소한 듯한 인상을 주는 네오 바로크 양식입니다. 설계는 탁지부 소속의 건축가가 담당했습니다. 여기서 조금 의문이 들 수도 있습니다. 전통 상인들이 주축이 되어 설립했던 민족 계열의 은행이라면 전통 한옥의 모습을 해야 하는 게 아닐까요? 왜 반대로 몹시 화려하고 이국적인 프랑스 궁전 같은 모습을 하고 있을까요?

　건축의 형태를 결정짓는 요소는 대략 두 가지로 볼 수 있습니다. 우선 그 건물의 기능에 따라야 합니다. 체육관, 사무소, 학교처럼 모든 건물은 명확한 기능을 가지고 있으며 이를 수용할 수 있는 형태로 지어야 합니다. 10층짜리 사무소 건물을 지어 놓고 종합 운동장으로 사용할 수는 없듯이, 은행은 은행 건물로 지어야 합니다. 은행 건물은 16~17세기 이탈리아 거상들의 집인 팔라초에서 기원했으며, 오랜 시간이 지나도 그 형태가 변하지 않은 채 계속 유지되어 왔습니다. 절을 짓는다고 하면 한옥으로 짓고, 성당은 유럽식 성당 건물 형태로 짓듯, 은행도 전형적인 형태로 짓습니다. 고객이 안심하고 돈을 맡기기 위해서는 건물 자체가 신뢰감을 주어야 하기 때문입니다.

둘째로 건물의 형태를 결정짓는 또 하나의 요소는 당시의 시대정신과 가치입니다. 조선에도 계(契)를 비롯하여 전통적인 금융 형태가 있었습니다. 이에 비해 은행은 새롭고 혁신적인 금융의 상징이었습니다. 그렇다면 그 건물도 지금까지 전혀 볼 수 없었던 새로운 형태여야 했습니다. 19세기 말 네오 바로크 양식은 유럽은 물론 세계적으로 유행했습니다. 광통관이 네오 바로크 양식을 취한 것은, 국제적이고 미래 지향적이었던 당시의 가치를 반영한 것입니다. 100년이 넘은 이 건물이 처음 지어졌을 때와 다름없이 여전히 은행 점포로 사용되고 있다는 점에서 큰 의의가 있습니다.

서윤영의 청소년 건축 특강

예전에 지어진 건물이 지금까지 보존되는 예는 많지만 대개 '들어가지 마시오', '손대지 마시오'라는 팻말이 붙은 경우가 많습니다. 사용하지는 못하고 보존만 하고 있으니 박제나 다름없습니다. 혹은 겉모습은 그대로 둔 채 내부는 완전히 새로 리모델링하여 박물관이나 전시관으로 사용하기도 합니다. 하지만 광통관은 100여 년의 시간 동안 그 자리에서 여전히 은행 업무를 하고 있다는 점에서 살아 있는 건물입니다.

이 시기 일본계 은행의 한국 진출도 시작되는데, 그중 하나가 명동에 세워진 조선은행입니다. 본래 1907년 일본 제일은행의 경성 지점으로 짓기 시작했는데, 건물을 짓는 데만 5년이 걸리면서 건설 도중인 1910년에 한국은 일제에 강점당합니다. 그러자 아예 국책 은행인 조선은행으로 변경되어 1912년에 완공되었습니다. 조선은행은 화폐의 발권 기능을 독점하는 은행이었습니다. 설계는 다쓰노 긴고(辰野金吾)가 담당했는데, 이미 도쿄에 있는 일본은행을 설계한 경험이 있습니다.

이 건물 역시 광통관과 비슷해서 유럽의 대저택을 옮겨놓은 것 같습니다. 민족 계열이든 일본 계열이든 은행 건물은 전형적으로 지어졌습니다. 다만 광통관이 규모가 작고 화려하다면 조선은행은 국책 은행답게 규모가 크고 장중한 느낌을 줍니다. 흰색 화강암 벽면에 지붕은 짙은 회색으로 되어 있어 경직된 느낌을 주는데, 이러한 형태는 이후 우리나라 은행의 전형으로 자리 잡습니다. 요즘 은행은 새로운 형태로 짓거나 다른 건물에 세를 들기도 하지만 1980~90년대까지 대개 조선은행을 모방했습니다.

조선은행을 필두로 1910년대부터 명동과 남대문 근처에 많은 일본 은행이 진출했고 1918년에는 조선총독부가 주관이 되어 세운 조선식산은행이 들어섭니다. 한편 1922년 명동에는 '경성 취인소'라는 낯선 이름의 건물도 등장했는데, 요즘의 주식 거래소에 해당합니다. 본래 조선의 전통 상권은 종로에 있었지만, 1910년경부터 명동에 일본계 은행과 주식 거래소가 생기면서 새로운 금융가로 부상합니다. 그리고 여기에 또 하나의 새로운 시설인 백화점이 들어섭니다.

식민지 경제의 두 축−은행과 백화점

100가지 종류의 상품을 판매한다는 뜻의 백화점은 프랑스 파리에서 처음 생깁니다. 그전까지 상점은 가족 단위 등 소규모로 운영되었고, 품목도 제한적이어서 상인이 공방에서 직접 만든 옷, 구두, 양산, 모자 등 한 가지 품목만을 전문적으로 팔았습니다. 하지만 중세 이후 생산과 판매가 분리됩니다. 판매만을 담당했을 때, 많은 품목을 한 군데에서 팔면 소비자로서는 더 편리할 것입니다. 백화점은 바로 이러한 발상에서 시작되었습니다.

최초의 백화점은 1852년 파리에 개장한 봉마르셰 백화점입니다. 1층부터 5층까지 여성 의류와 가방, 신발을 비롯하여 가구, 카펫, 이불, 그릇까지 가정에서 필요한 모든 물품을 갖추어 놓습니다. 또한 친절하고 세련된 태도의 점원, 미리 가격표를 붙이는 정찰제의 도입, 요즘 인터넷 판매의 전신이라 할 수 있는 우편 주문 제도, 환불과 교환 정책 등 기존의 개인 상점에서는 제공하지 못했던 새로운 서비스를 선보였습니다. 그뿐만 아니라 계절마다 카탈로그를 발행하여 우편으로 발송하면서 이번 계절에 유행하는 옷과 그에 어울리는 신발과 가방도 함께 소개했습니다. 백화점은 상품 판매를 넘어 유행을 선도하고 새로운 소비문화를 창조하는 역할을 했습니다.

당시 공장에는 대량 생산된 물품이 넘쳐났고 경제를 활성화하려면 이를 어떻게든 팔아야 했습니다. 그때 영국이 택한 방식은 산업 박람회를 개최하여 자국 공산품의 우수성을 알리는 것이었습니다. 한편 프랑스는 백화점을 통해 유행을 창조하고 소비를 촉진하는 전략을 택했습니다. 그래서 영국은 공장에서 대량 생산된 값싼 소비재가 주류였던 반면, 프랑스는 상대적으로 소량 생산된 고급품이 많았습니다. 공교롭게도 영국이 세계 최초의 박람회라 할 수 있는 런던 엑스포를 개최한(1851년) 이듬해인 1852년 세계 최초의 백화점인 봉마르셰가 프랑스 파리에서 개점합니다. 당시 영국이 세계의 공장이었다면 프랑스는 세계의 백화점으로 불렸습니다. 옷이나 화장품, 가방 등 여성용품에서 프랑스 제품이 유명해진 것도 이때부터라고 할 수 있습니다. 이러한 백화점이 일본을 통해 한국에도 상륙합니다.

1930년 10월 24일 조선은행과 마주 보이는 자리에 일본 미츠코시 백화점의 지점인 미츠코시 경성점이 문을 열었습니다. 지하 1층 지상 6층의 건물로 옥상정원까지 마련되어 있었습니다. 전반적으로 도쿄 본점과 비슷했는데 규모는 약 60% 정도로 작았습니다. 2층집도 드물던 시절에 6층이면 상당히 고층이었고 더구나 옥상에 정원을 둔다는 것은 매우 놀라운 일이었습니다.

옥상 정원은 근대 건축의 아버지라 할 수 있는 프랑스의 르 코르뷔제가 선언한 근대 건축 5원칙 중 하나입니다. 르 코르뷔제가 5원칙을 발표한 것이 1927년이었는데 1930년대에 완공된 미츠코시 경성 백화점에 옥상정원이 마련되었으니, 이 원칙이 발표되자마자 곧바로 설계에 반영한 것이라 할 수 있습니다. 그뿐만 아니라 건물 안에는 엘리베이터와 에스컬레이터도 있었으니 당시로

미츠코시 백화점 경성점. 현재는 신세계 백화점이 되었다.

서는 첨단 건축이었습니다. 설계는 나카무라 요시헤이가 담당했습니다. 조선총독부 건축과에서 근무하다가 1912년 경성에 건축 설계 회사인 나카무라 사무소를 개업한 인물입니다.

근대 자본주의의 두 가지 축이라 할 수 있는 은행과 백화점이 명동 네거리에 보란 듯이 들어섰고 이후 미나카이 백화점, 조지야 백화점, 히라다 백화점 등 일본 계열 백화점들이 앞서거니 뒤서거니 들어섰습니다. 백화점만 4개였으니 당시 경성의 인구와 경제 규모를 생각하면 많은 편에 속했습니다. 그때 백화점을 이용하던 사람은 주로 일본인이었는데, 조선에 파견 근무를 나온 일본인 관리들은 본토의 같은 직급보다 더 높은 급료를 받아서 구매력이 높았습니다.

미츠코시 백화점은 최고급 브랜드를 취급하는 고가 정책을 펴서 80~90%가 일본인 고객이었습니다. 미나카이 백화점은 그보다는 조금 저렴한 브랜드도 함께 취급했고, 조지야, 히라다 등은 대중적인 이미지를 내세워 중저가 브랜드도 취급했습니다. 고급 백화점일수록 일본인 고객이 많았고, 중저가 백화점에는 한국인과 일본인 고객이 섞여 있었습니다.

일본계 백화점이 들어서자 종로 상인도 이를 지켜보기만 하지 않았습니다. 1931년 박흥식은 종로에 화신 백화점을 세웁니다. 본래 이 자리는 육의전 중에서도 가장 규모가 컸던 선전이 있던 곳이었습니다. 그런데 청나라 상인이 들어와 경쟁력이 떨어지자 1890년 신태화라는 사람이 금과 은을 취급하는 화신상회를 설립했습니다. 2층 한옥으로 지어졌는데 1922년부터는 양복도 팔고 일반 잡화도 팔기 시작합니다. 이후 1931년 박흥식이 화신상회를 인수하여 백화점으로 다시 지었습니다. 처음에는 3층짜리 건물이었지만 화재로 소실되었고 1937년 6층짜리 건물로 새로 짓습니다. 설계는 한국인 건축가 박길룡이 담당했습니다. 1919년에 경성고등공업학교를 졸업하고 조선총독부에 건축 기수(요즘의 건축 기사에 해당함)로 들어가 10여 년간 실무 경험을 쌓았습니다. 그리고 퇴직하여 1932년 종로에 자신의 건축 사무소를 열었던 우리나라 1세대 건축가입니다.

화신 백화점은 일본계 미츠코시 백화점에 대응하는 민족 계열 백화점을 표방했습니다. 이후 박흥식의 친일 행적 등으로 논란의 여지가 있지만, 조선의 경제 중심지였던 종로 보신각 맞은편에 한국 자본으로 한국인 건축가의 설계로 지어진 백화점이었다는 점에서 의의가 있습니다. 이 건물은 한옥의 형태가 아닌 프랑스식 백화점 형태를 하고 있는데, 좀 더 근대적이고 세련된 모습을 하고 있습니다. 앞서 광통관처럼, 민족 계열이라 하더라도 유럽식 상업 형태를 도입하자면 그것을 담는 그릇이라 할 수 있는 건물 역시 유럽식이어야 했습니다.

해방 후 찾아온 변화

해방 후 미츠코시 백화점은 잠시 미군 매점인 PX로 사용되다가 신세계 백화점이 되어 현재에 이르고 있습니다. 내부는 그동안 몇 번의 수리로 건립 당시와 크게 달라졌지만, 외양은 그대로입니다. 한편 조지야 백화점은 해방 후 미도파 백화점이 되었다가 현재는 그 자리에 롯데 백화점 영플라자가 들어와 있습니다. 미나카이,

해방 직후 화신백화점.(왼쪽에 나란히 붙어 있는 건물)

히라다 백화점도 한동안 백화점으로 사용되다가 현재는 새 건물을 지어 쇼핑몰로 사용하고 있습니다. 1980년대 서울 강남이 개발되기 전 명동은 가장 크고 화려한 상권이었으며, 여의도가 증권가로 개발되기 전까지 주식 거래소도 즐비했습니다.

한편 조선은행은 해방 후 한국은행이 되어 여전히 국책 은행의 역할을 했고, 1989년 바로 옆에 새 건물을 지어 이전하면서 예전 건물은 화폐 박물관으로 사용되고 있습니다. 조선은행보다 먼저 세워졌던 광통관은 해방 후 상업은행이 되었다가 현재 우리은행이 되어 여전히 그 자리에서 은행 점포로 사용되고 있습니다. 아쉽게도 화신 백화점은 해방 후에도 한동안 백화점으로 이용되다가 1987년에 철거되었습니다. 민족 계열의 첫 백화점이자 우리나라 1세대 건축가인 박길룡의 작품이라는 점에서 보존 논의도 있었지만 실현되지는 못했습니다. 1980년대에 화신 백화점의 운영 주체였던 화신산업이 해체되었기 때문입니다. 현재 그 자리에는 종로타워가 들어서 있습니다.

식민 통치는 크게 정치와 경제로 나누어 생각해 볼 수 있습니다. 경제는 정치권력과 달리 민간 자본에 의해 움직입니다. 하지만 기존의 것을 제압하기 위해 그것을 대체할 새로운 시설을 인근에 둔다는 점에서 정치권력과 똑같은 행태를 취했습니다. 일제는 종로에 있던 육의전과 시전을 대체할 백화점을 명동에 세웠고, 은목전 상인들이 은행을 세우자 이를 제압하기 위해 조선은행을 세웠습니다. 본디 명동과 남대문 일대는 청나라 상인들이 주름잡던 곳인데, 청일 전쟁 이후 일본인들이 그 자리를 차지했습니다. 지금도 명동에는 유난히 일본인과 중국인 관광객이 많습니다. 100년 전에도 그러했을 것인데, 오랜 시간 동안 꾸준히 지속되는 장소의 특성이 이채롭습니다.

9

경제 수탈의 출발지, 경성역

1925년 9월 서울 남대문 근처에 또 하나의 놀라운 건물이 들어섰습니다. 고풍스러운 붉은 벽돌 몸체에 모서리마다 흰색 화강암 장식으로 둘러싸인 그 건물은 전면에 커다란 시계까지 있었습니다. 원래 거기에는 2층 목조 건물로 지어진 남대문역이 있었는데, 다시 크고 화려하게 지으면서 이름도 경성역으로 바꾸었습니다. 서울과 부산을 잇는 철도 경부선의 시발역이라고 했습니다.

산업 혁명과 식민 지배의 상징─철도

자동차와 함께 육상 교통의 중요한 축인 철도는 본래 영국에서

서윤영의 청소년 건축 특강

처음 생겼습니다. 19세기 무렵 철광이나 석탄을 캐서 수레에 담아 정해진 궤도로 이동시키던 밀차가 있었습니다. 산업 혁명 시기 여기에 증기 기관을 달아 화물 열차가 되고 객차를 연결해서 승객도 실어 나르게 되었습니다. 철도는 화물 운송이 우선이었다는 점에서 사람이 이동하기 위한 용도로 개발된 자동차와 다릅니다. 열차는 육상에서 물류를 대량으로 운송하는 데 쓰입니다. 천연자원을 수송할 때, 원자재와 공산품을 운송할 때 등입니다.

열차는 산업 혁명 및 식민지와 관련이 깊습니다. 영국은 국토 전역에 철도를 놓았고 식민지인 인도에도 거미줄처럼 촘촘한 철도망을 만들었습니다. 식민지에 철도를 놓는 이유는 통치와 자원 수탈 때문입니다. 고대 로마 제국은 방대한 속주를 거느렸는데 이를 위해 가장 먼저 했던 일이 로마와 속주를 연결하는 도로 건설이었습니다. "모든 길은 로마로 통한다"라는 말을 들어 보았을 것입니다. 이를 모든 문화의 중심지가 로마라는 뜻으로 해석하지만, 문자 그대로 당시 모든 길은 궁극적으로 로마와 연결되었습니다. 이 길을 통해 세금을 징수하고 군대를 파견했습니다. 지금도 이 도로의 흔적은 곳곳에 남아 있습니다. 로마 제국의 속주 통치를 본받은 영국은 철도를 택했고 이 모든 것을 일본도 그대로 모방했습니다.

우리나라에서 가장 먼저 개통된 철도는 서울과 인천을 연결하는 경인선입니다. 인천과 부산은 구한말의 개항장이었지만 두 도시의 성격은 조금 달랐습니다. 부산은 일본과 가까워서 1896년 개항 후에 주로 일본인들이 많이 머물렀습니다. 반면 인천은 중국과 가까워 청나라 상인이 많이 머물렀고 유럽 열강들은 한양과 가까운 인천항으로 들어오는 경우가 많았습니다. 당시 인천은 국제도시였고 외국과의 적극적인 소통을 원했던 고종으로서는 인천과 한양을 연결하는 철도 부설이 중요했습니다.

1896년 고종은 미국인 모스에게 경인철도 부설권을 주었고 이듬해인 1897년 기공을 했지만, 이후 부설권이 일본에 넘어가 1900년에 완공되었습니다. 그 후 일본의 영향력이 점차 강해지면서 부산이 크게 성장했고, 한양과 부산을 잇는 경부선이 1901년 기공되어 1905년 1월에 개통됩니다. 이 철도를 놓기 위해 일본은 1901년 경부철도 주식회사를 세웠는데, 자본금의 4분의 1을 일본 국고에서 충당하는 사실상 일본의 국책 회사였습니다. 일본으로서는 큰 이익을 남길 사업이었지만, 정작 철도 부설 예정지 주민들은 피해를 입었습니다. 철도 주변 농가에 강제 이주 명령이 떨어졌고, 강제로 동원되어 일해야 했습니다. 조선에서도 도로를 만들거나 산성을 쌓을 때 백성들을 동원했지만 대개 농한기의 인력을 이용했

남대문역. 역사 앞에는 열차를 타고 도착한 승객을 위한 인력거들이 서 있다.

습니다. 하지만 일본은 한창 바쁠 농번기에도 일을 시켰습니다. 하루아침에 농지를 빼앗긴 사람이 불만을 품고 철도 건설을 방해하거나 불을 지르면 즉결 심판을 통해 곧바로 처형되었습니다.

경부선은 4년 만에 완성되었습니다. 시발역으로 남대문역을 만들었는데 이것이 현재의 서울역입니다. 당시의 남대문역은 2층 높이의 간단한 목조 건물이었습니다. 이때까지만 해도 일본이 한국을 완전히 장악한 상황이 아니었고 무엇보다 러일 전쟁을 치르느라 재정도 부족했습니다. 한편 용산역도 있었습니다. 지금은 서울에 속해 있지만 당시에는 별도의 지역이었습니다.

군사 기지의 도시, 용산의 성장

조선 시대에 용산은 한양이 아닌 과천현에 속한 지역이었습니다. 용산 근처의 녹사평(綠莎坪, 푸른 모래가 펼쳐진 곳) 이라는 지명에서도 알 수 있듯이 한강 변 모래밭이 펼쳐져 있던 곳입니다. 남쪽으로는 한강에 접하고 북쪽으로는 한양에 맞붙어 있던 교통의 요충지였습니다. 그래서 구한말 고종은 용산 일대를 공업 지역으로 육성할 계획을 가지고 있었습니다.

19세기 영국이 강대국으로 성장한 이유는 전 세계에서 가장 먼저 공업화를 이루었기 때문입니다. 뒤이어 프랑스, 독일, 러시아

서윤영의 청소년 건축 특강

등도 공업화를 이루었습니다. 일본도 19세기 후반부터 공업화를 시작해 부강해졌으므로 고종도 이러한 세계정세를 알고 대처한 것입니다. 1883년에는 화폐 주조를 위한 전환국과, 우표와 각종 인지를 인쇄하기 위한 인쇄국(1900년)을 설치했습니다.

수력 발전소를 설치하여 전기도 생산했습니다. 영국의 공업 도시들은 대개 강변에 자리 잡았습니다. 수력 발전소를 설치하여 전기를 생산한 뒤 그 전기로 공장을 돌려야 하기 때문입니다. 또한 원자재를 싣고 오고, 만든 물건을 다시 실어 나르는 것도 선박이 담당했으므로 강변이 유리했습니다. 한양과 가까우면서 한강에 접해 있고 인천항으로도 연결되는 용산은 최적지였습니다. 하지만 바로 이러한 지리적 이점 때문에 외세의 거점이 됩니다. 1884년 용산이 개항장으로 지정되면서 많은 외국인이 몰려들었고 그중엔 특히 청나라 상인이 많았습니다.

일본은 한국을 집어삼킬 때 한국의 저항을 받는 한편 다른 나라와도 싸워야 했습니다. 그중 청나라의 영향도 무시할 수 없었습니다. 1882년 임오군란이 일어났을 때 청나라 군인 3000여 명이 용산에 진을 치고 있었습니다. 결국 이 일을 빌미로 청일 전쟁이 일어나고 일본이 승리하자 청나라 군대가 물러납니다. 1894년에는 일본 오시마(大島) 육군소장이 용산 만리창에 사령부와 병참부를 설치했고, 1904년 러일 전쟁을 계기로 일본군이 대거 주둔합니다. 그해 8월에는 이태원과 용산 지역 약 390만 제곱미터(약 118만 평)에 이르는 땅을 군용지로 강제 수용하여 위수 지역으로 선포합니다. 위수 지역이란 군부대가 머무르면서 경비를 하는 지역을 말하는데, 이제 군사 지역이므로 민간인은 함부로 출입할 수 없다는 선언을 한 것입니다. 이태원 주민들은 인근의 보광리(현 보광동)로 강제로 이주당했고, 그 자리에 사격장, 연병장, 관사, 군대 막사 등을 지었습니다. 1904년은 아직 일본이 한국을 강점하기 전인데, 이때 이미 일본군이 들어왔다는 것은 일본 식민지의 세 가지 특징 중 하나인 군국주의의 특성을 드러냅니다. 인접국과 전쟁을 벌이기 위해 한국에 대규모 병력을 투입시킨 군사 제국주의는 유럽 제국주의와는 다른 일본만의 특징입니다.

유럽 제국주의의 경우와 달리 일본은 군대가 먼저 들어왔습니다. 한국 거주 일본인을 보호하고 치안을 유지하는 수준이 아니라 대륙을 상대로 전쟁을 벌이기 위한 대규모 병력이었습니다. 용산은 그 주둔지로서 군사 도시가 되었습니다. 약 390만 제곱미터의 땅이 군용지로 강제 수용되었고, 일본 육군 제 20사단이 주둔했습니다. 1907년에는 총사령관의 관저도 지었는데, 설계는 게오르크 데 랄란데가 담당했습니다. 그는 이 관저를 먼저 설계하면서 입지를 굳힌 후 조선총독부도 설계하게 됩니다. 1906~13년 사이 용산에는 연병장, 사격장을 비롯하여 사령부 청사, 군인들의 숙사, 병기 창고, 위수 병원, 군마를 키우는 병마사 등 각종 군사 시설이 속속 들어섰습니다. 1916년에는 제19사단까지 가세하면서 자급자족이 가능한 군사 도시이자 거대한 요새가 되었습니다.

아울러 1902년에는 용산과 신의주를 잇는 경의선을 기공하여 1906년에 개통합니다. 신의주는 '신'이라는 글자에서도 알 수 있듯이 일본이 만주 침략을 염두에 두고 만든 신도시입니다. 북한 서해안의 최북단에 있는데, 여기서 압록강만 건너면 바로 만주와 연결됩니다. 일본으로서는 경성–신의주–만주가 육로로 연결되는 셈이니, 고립된 섬에서 대륙으로 진출하는 길이 뚫린 셈이 되었습니다. 경부선과 경의선은 한반도를 가로질러 만주로 나아가는 길목이었습니다. 이렇게 되자 신의주가 급성장하여 1923년에는 평안도의 도청이 신의주로 이전하게 됩니다. 해안가 조그만 항구 도시의 급성장은 식민지의 한 특징입니다.

한편 용산과 원산을 연결하는 경원선도 개통합니다. 원산은 동북쪽인 함경도의 항구 도시로 일본 니가타 항과 연결됩니다. 니가타에서 배를 타고 원산에 도착하면 경원선을 통해 용산으로 들어올 수도 있습니다. 또한 원산에서 출발하는 함경선을 타고 한반도

용산역. 1906년 11월에 목조 3층 건물로 완공되었다가 화재로 소실되어 재건축했다.

의 북단인 회령까지 갈 수도 있었습니다. 이처럼 경의선(경성-신의주), 경원선(경성-원산)이 개통되면서 그 시발역이 용산으로 정해집니다. 식민지 시기 철도는 대개 자원 수탈의 수단이 되는데, 경의선과 경원선은 군사와 전쟁 물자를 실어 나르는 용도로 부설되었습니다.

이렇듯 용산의 중요성이 커지면서 역사가 지어집니다. 1906년

서윤영의 청소년 건축 특강

11월에 개장한 용산역은 북유럽풍의 2층 목조 건물로 실용적이고 소박하게 지어졌습니다. 지금 우리가 서울에서 경부선을 타면 시발역인 서울역을 지나자마자 곧바로 용산역에 정차합니다. 이는 일제 강점기에 용산과 한양이 개별적으로 성장했기 때문입니다. 한양은 수도이자 중추 도시였고, 용산은 군사 도시여서 서로 성격이 달랐습니다.

도시 구조를 바꾼 식민 지배

한편 경성역의 중요성도 커지기 시작합니다. 기존의 경부선 외에 목포와 대전을 연결하는 호남선을 1904년에 착공하여 1914년에 개통합니다. 전라도 지방은 곡창 지대인 데다가 목포와 군산은 일본으로 연결되는 항구였습니다. 그래서 당시 군산, 목포에는 일본이 수탈한 목면과 쌀이 쌓여 있었습니다. 쌀과 목면 모두 하얗기 때문에 이 두 가지를 이백(二白)이라고도 했는데, 호남 지방의 대표적인 수탈 물자였습니다. 지금도 군산에 가면 일제 강점기에 지어진 미곡 창고며 식산 은행 건물을 볼 수 있습니다. 이렇게 중요한 군산과 목포였지만 이들 도시는 한양과 곧바로 연결되지는 않았습니다. 경부선의 중간 기착지인 대전까지만 이어졌고 그래서 호남선이라 불립니다.

군산항에 쌓여 있는 일본으로 수탈되는 쌀.

　이렇게 되자 대전은 경부선과 호남선의 분기점이자 철도 교통의 결절점으로 급성장하게 됩니다. 본래 충청도 지방의 중심 도시는 공주였는데, 대전에 큰 역이 생겨 호남과 영남을 아우르는 중심지가 되자 인구가 몰립니다. 결국 신흥 도시인 대전이 성장하고 전통 도시인 공주는 쇠퇴합니다. 일본과 연계된 항구 도시가 성장하면서 기존의 전통 도시가 쇠퇴하는 현상이 전국 곳곳에서 일어났습니다. 호남 지역에서는 나주가 쇠퇴하고 항구인 군산과 목포가 성장했듯이, 경남 지역에서는 진주가 쇠퇴하고 부산과 마산이 성장했습니다. 그런데 쇠퇴한 도시들의 이름은 대개 '-주'인 곳이 많습니다.

본래 조선 시대에는 지방 거점 도시에 '주(州)' 자를 붙였습니다. 한양 주변에 파주, 양주(지금의 고양시와 남양주시), 광주(경기도 광주) 등이 둘러싸고 있었고, 황해도는 황주와 해주, 강원도에는 원주와 명주(현 강릉), 충청도는 충주와 청주, 전라도는 전주와 나주, 경상도는 경주와 상주, 제주도는 제주가 거점 도시였습니다. 지금 우리가 사용하는 충청도, 전라도, 경상도 등의 명칭은 바로 이런 거점 도시의 앞머리에서 따온 것입니다. 그런데 식민 지배가 시작되면 해안가 항구 도시들이 급성장하면서 기존의 거점 도시들은 쇠락하는 양상을 보입니다. 한양을 제외한 지방 도시에서 이러한 변화가 발생했는데, 이는 유럽 식민지에서 자주 나타나는 현상이었습니다. 그런 의미에서 일제 강점 역시 큰 틀에서 보면 유럽 제국주의의 한 변형이었습니다.

　새롭게 급조된 군사 도시도 있었습니다. 용산 외에 나남과 진해라는 군사 도시가 새로 생깁니다. 함경북도에 있던 나남은 러시아와 가까워서 러일 전쟁을 준비하며 건설했던 곳으로, 현재 청진시에 편입되어 있습니다. 경상남도에 있는 진해도 본래는 조용한 어촌 마을이었다가 1912년부터 일본 해군이 주둔하면서 급성장한 군사 도시이며, 지금은 창원시에 편입되어 있습니다. 한반도 전체를 놓고 보면 나남은 북쪽에, 용산은 중앙에, 진해는 남쪽에 있어 군대를 매우 계획적으로 분산 배치했음을 알 수 있습니다. 이 세 곳은 포구나 항구 외에는 이렇다 할 특징이 없었습니다. 일제가 이곳을 선택한 데에는 다음과 같은 이유가 있습니다. 군대를 주둔시키자면 일단 민가를 이전시켜야 하는데, 그 과정에서 보상 문제가 발생합니다. 시골 마을은 이런 비용이 적게 들고 또 보안 유지에도 좋다고 판단했기 때문입니다.

이처럼 식민 지배는 그 나라의 지리적 구조까지도 바꾸어 놓습니다. 경부선(경상도), 호남선(전라도), 경의선(평안도), 경원선(함경도)의 네 철도는 한반도를 X 자형으로 가로질렀습니다. 북쪽을 연결하는 경의선과 경원선의 시발역은 용산이었고, 남쪽을 연결하는 경부선과 호남선의 시발역은 경성역이었습니다. 북쪽은 주로 군사 수송 목적이었고, 남쪽은 물자 수탈이 목적이었습니다. 이렇게 철도 교통이 용산역과 경성역으로 이원화되자 이 둘을 연결하는 경룡선을 부설합니다.

1925년 9월에는 완전히 새로운 경성역이 들어섰습니다. 20여 년의 시간이 흐르는 동안 물류와 운송이 증가했던 까닭도 있지만, 경성제대(1924년), 조선 신궁과 경성운동장(1925년), 조선총독부와 경성부 청사(1926년) 등 일제의 중요한 건물을 모두 이 시기에 완공했고 경성역도 그 과정에 있었다고 볼 수 있습니다.

한반도를 가로지르는 철도 중심지-경성역

경성역의 설계는 도쿄 대학 교수이던 츠카모토 야스시(塚本靖)가 담당했는데, 일본에서 이미 제국 양식의 건물을 여럿 설계한 경험이 있었습니다. 전체 면적은 약 6630제곱미터(약 2006평)로 규모 면에서는 조선총독부 다음으로 컸으며, 상당히 심혈을 기울인 건물입니다. 전체적으로 도쿄역과 비슷하면서 크기만 조금 작아서, 당시 동아시아 제1역은 도쿄역, 제2역은 경성역이라는 말도 나돌았습니다. 네오 바로크 양식의 건물로 가운데에는 커다란 돔 지붕을 얹고 지름 1미터 가량의 큰 시계도 두었습니다. 2층에는 커피숍과 서양식 레스토랑이 있었습니다.

역을 통해 더 많은 일본인이 경성으로 들어오면서 이들이 묵을 호텔도 필요해졌습니다. 당시 기차역은 요즘의 공항과 비슷합니다. 해외여행에서 공항도 하나의 볼거리이자 도시의 첫인상을 결정짓는 중요한 곳입니다. 공항에는 고급 레스토랑과 면세점, 호텔 등이 즐비한데, 그때는 아직 여객기가 상용화되지 않을 때라서 이 모든 역할을 기차역이 담당했습니다. 2층에 마련된 레스토랑과 커피숍은 최고급으로서 장안의 화제가 되었고, 호텔도 마찬가지였습니다. 경성역과 가까운 곳에 철도 호텔을 지었는데 본래 고종이 세웠던 환구단을 헐고 지었습니다. 설계는 조선총독부, 용산의

경성역.

사령관저를 설계한 게오르크 데 랄란데가 담당했습니다.

경성역은 한반도를 가로지르는 철도 교통의 중심지 역할을 했습니다. 해방 후에는 서울역으로 이름을 바꾸었지만 여전히 경부선과 호남선의 중심 역할을 담당했습니다. 그러다 한국 전쟁이 일어나고 휴전선이 그어지면서 경의선과 경원선은 그만 끊어지고 말았습니다. 지금도 경의선과 경원선은 있지만, 서울과 수도권 북부 지역을 연결하는 짧은 구간만 운행하는 지선일 뿐입니다. 서울역은 2004년부터 고속열차인 KTX의 운행을 계기로 바로 옆 새 역사로 이전했으며 옛 건물은 '문화역 서울284'로 사용되고 있습니다.

금단의 땅에서 시민의 공원으로

1937년 일본은 중국을 상대로 중일 전쟁을 벌이고, 1941년에는 미국을 상대로 태평양 전쟁을 일으킵니다. 다시 전시 체제에 들어간 일본은 한반도의 인력과 물자를 동원해야 했습니다. 1938년 4월에는 한국인을 상대로 육군 지원병을 받더니 1943년 8월에는 아예 징병제를 실시했고 10월에는 학도병제도 실시했습니다. 일본이 일으킨 전쟁에 한국인을 동원하는 데 중심 역할을 한 것이 용산 군사령부였습니다. 용산 근처의 갈월동, 원효로 등지에는 군수 공장과 군인을 상대로 하는 상점들이 번성했습니다.

1945년 일본이 패전하면서 한국은 독립합니다. 러일 전쟁 이후 일본에 강점당했다가 태평양 전쟁에서 일본이 패하면서 해방을 맞이했습니다. 용산은 이들 전쟁에서 핵심 기지 역할을 했는데 당시 모습이 어떠했는지는 잘 알려져 있지 않습니다. 군사 도시의 특성상 보안상의 이유로 많은 것이 비밀에 부쳐졌고 민간인은 그곳에 들어갈 수가 없었기 때문입니다. 해방 후에도 사정은 다르지 않았습니다. 일본군이 물러난 자리에 미군이 들어왔기 때문입니다. 1950년 한국 전쟁이 발발하면서 미군의 군사 기지로 활용됩니다. 본래 거대한 요새이자 군사 도시로 계획된 곳이니 일본군이 사용하던 시설을 최대한 활용했으리라 추정됩니다. 용산에는 미군 숙소는 물론 그 자녀를 위한 초등학교, 중학교, 고등학교까지 있었고 병원, 골프장 등이 있어 그 안에서 모든 것을 해결할 수 있었습니다.

일제 강점기 일본이 지은 건물은 해방 후 한국 정부에 귀속이 되었지만 용산만큼은 예외였습니다. 용산의 일제 건물과 재산은 미군에게 귀속되었습니다. 더구나 한국의 경찰력도 통하지 않는 거대한 치외 법권 지대였습니다. 그러다가 2000년대에 들어서면서 미군 기지를 이전해야 한다는 의견이 나왔습니다. 평화의 시기에 수도 한가운데 그렇게 거대한 금단의 땅이 있다는 것은 바람직하지 않기 때문입니다.

용산의 주한 미군은 모두 평택으로 이전할 계획입니다. 그에 앞서 조금씩 일반 시민에 개방되었습니다. 2018년 11월에는 순환 버스를 타고 기지의 일부를 둘러볼 수 있게 되었습니다. 1904년 일본군이 주둔한 이래 굳게 닫혀 있던 땅이 열리던 날이었습니다. 이제 용산 땅은 역사적 건물은 보존한 채 시민 공원으로 다시 태

어날 예정입니다. 서울 한가운데 있는 금단의 땅이 120여 년의 세월을 지나 시민의 품으로 돌아오니, 이 또한 일제 잔재의 청산이라고 볼 수 있습니다. 가장 뒤늦게 이루어진 청산이니만큼, 훌륭한 시민 공원으로 거듭나기를 바랍니다.

10

해방 후
일제 건축의 청산

1962년 4월 20일 경복궁에서 '군사 혁명 1주년 기념 산업 박람회'가 열렸습니다. 그 전해에 일어난 군사 쿠데타를 기념하는 자리였습니다. 박람회장에는 혁명 기념관, 반공관, 5개년 경제 계획관, 재건 국민관 등의 개별 주제관이 있었습니다. 당시는 아직 조선총독부 건물을 그대로 중앙청으로 사용하던 때였습니다. 그 장면이 40여 년 전인 1915년 경복궁 뜰에서 열렸던 '조선 물산 공진회'와 묘하게 닮아 있었습니다. 쿠데타 세력은 무엇을 기념하기 위해 박람회까지 개최했던 걸까요?

서윤영의 청소년 건축 특강

한국 재벌의 일제 잔재

해방 후 우리나라는 이승만 대통령을 초대 대통령으로 하는 대한민국 정부가 수립되었습니다. 그런데 이승만 대통령은 1대, 2대, 3대까지 연임을 하고도 권력 연장을 위해 급기야 부정 선거까지 치르게 됩니다. 이에 1960년에 4·19 혁명이 일어났고, 그 혼란기를 틈타 1961년 5월 16일 군인인 박정희 사령관이 쿠데타로 정권을 잡습니다. 그리고 1963년 대통령 선거에 출마하여 5대 대통령이 됩니다. 당시에는 쿠데타를 '군사 혁명' 혹은 '5·16 혁명'이라고 미화했습니다. 1962년 경복궁에서 벌어진 '군사 혁명 1주년 기념 산업 박람회'는 이를 축하하기 위해 마련한 자리였습니다. 박정희는 부정 선거와 개헌을 통해 5대, 6대, 7대, 8대, 9대까지 연거푸 대통령에 당선되었습니다. 1961년부터 1979년까지 20년 가까이 집권했고, 이때 우리나라는 근대화와 공업화의 시기였습니다.

근대화, 공업화 등은 근대 국가의 중요한 특징들인데, 유럽에서는 이것이 18~19세기에 걸쳐 자율적으로 천천히 진행되었습니다. 한편 일본은 1868년 메이지 유신을 단행한 뒤 유럽을 모방하면서 근대화를 추진했습니다. 우리나라의 근대화는 1960~70년대에 걸쳐 더욱 빠르고 급하게 진행되었는데, 그 과정에서 일본을 많이 모방했습니다. 우선 공업화와 경제 개발을 추진했습니다. 5년 단위로 목표를 세워 순차적으로 경제를 개발한다는 경제 개발 5개년 목표를 세웠습니다.

공업화를 위해 1960년대 울산에 공업 단지를 건설하고 1968년에는 포항제철을 설립합니다. 공업 단지와 기업을 육성하는 것은 좋은 일이었지만, 이를 단기간에 추진하는 과정에서 정경 유착과 재벌이 등장합니다. 정치권은 특정 회사에 많은 특혜를 주고, 또한 그 회사는 남몰래 정치 자금을 대는 등 정치와 경제가 서로 담합하는 것을 정경 유착이라 합니다. 이렇게 회사가 급성장하면 여러 개의 계열사로 분할시켜 가족끼리 경영하고 자녀에게 세습하는 행태를 보였습니다. 이러한 형태를 족벌 경영이라 하고 바로 그러한 회사 집단을 재벌이라 합니다. '벌(閥)'이란 동아시아에서 세도 가문을 칭할 때 쓰던 말입니다. 대대로 벼슬을 하며 내려오는 집안을 '문벌(門閥)'이라 했는데, 산업 사회에서 벼슬 대신 재물을 모은 집안을 '재벌'이라 부르게 되었습니다. 현대 한국 경제의 큰 폐단이라 알려진 재벌의 뿌리는 19세기 말 일본에서 시작되었습니다.

본래 일본은 중세 시대까지 통일된 정권 없이 지방별로 장군(쇼군)이 지배했습니다. 장군은 그 아래 수많은 무사를 두고 지방 농

서윤영의 청소년 건축 특강

민을 실질적으로 지배했습니다. 그러다가 도쿠가와 이에야스가 일본 본토인 혼슈 지역을 통일하고 스스로 막부라 불리는 최고 지배자가 됩니다. 옛 장군들은 각 지방의 '번(藩)'으로 임명해 자치권을 주었습니다. 일본의 왕은 허수아비나 다름없었습니다. 실권은 도쿠가와 막부에 있었고 아들에게 세습되었습니다. 한편 지방의 각 번들도 아들에게 세습시키고, 딸은 다른 지역 번에게 시집보내는 것으로 결속을 다지며 '번벌(藩閥)'을 이루었습니다.

중국과 조선에 문벌이 있었다면 이 번벌은 일본만의 독특한 현상이었습니다. 그런데 1868년 메이지 일왕은 친정을 하며 대대적인 개혁을 통해 '폐번치현(廢藩治懸)'을 실시합니다. 지방의 번(藩)을 폐(廢)하고, 새로이 현(懸)을 두어 다스린다(治)는 뜻입니다. 예전처럼 무사들이 아니라 중앙 정부에서 파견한 관리가 각 현을 다스리는데, 현은 우리나라의 도(道)에 해당하는 지방 행정 단위입니다.

그런데 지금까지 지방에서 기득권을 유지하던 번들이 이를 고분고분하게 받아들일 리가 없습니다. 각 번은 수백 수천 명의 무사를 거느리고 있었으니 여차하면 반란과 폭동을 일으킬 수도 있었습니다. 따라서 그에 대한 회유책으로 각 번들에게 백작이나 남작 등의 귀족 작위를 주고 그 아래 상급 무사에게도 자작 등의 지위를 주었습니다. 또한 회사를 설립하게 하여 정부 주관 사업을 독점적으로 운영할 수 있는 특혜를 주었습니다. 지역 금광 채굴권이나 철도 사업의 독점권을 주는 방식이었습니다. 금광이나 철도 등은 공업화의 원동력이었고, 또한 많은 일자리를 창출합니다. 무사 계급을 폐지하면서 많은 하급 무사들이 실업자가 되었지만, 이들에게 일자리도 생겼으니 여러모로 이득이었습니다.

현대 산업 사회로 오면서 번벌은 막대한 부를 축적하여 큰 기업 집단을 이룹니다. 이들을 가리키는 말인 '재벌'은 그 시기 일본에서 생긴 신조어입니다. 일본은 이로써 빠르게 공업화를 달성할 수 있었고, 1960~70년대 시급한 경제 발전과 공업화가 절실했던 한국도 이를 모델로 삼았습니다. 몇몇 대기업을 정부에서 특혜를 주며 급성장시켰고, 이것이 바로 한국형 재벌의 시작입니다.

독재 정권의 '일본 따라 하기'

우리나라는 모든 면에서 1930년대 일본을 모방하며 1960~70년대 근대화를 이루었습니다. 식민 수탈국이었던 일본을 모방하면서 근대화와 경제 성장을 이루는 역설이 발생한 이유는 대략 두 가지로 생각해 볼 수 있습니다. 첫째로 한국과 일본은 서로 모델이 비슷했습니다. 일본은 1945년 히로시마와 나가사키에 원자 폭

탄을 맞으며 전쟁에서 패합니다. 이후 폐허 속에서 궁핍을 견디며 공업화와 경제 성장을 추진했습니다. 한국도 1953년 한국 전쟁이 끝나고 모든 산업 기반 시설이 파괴된 상황에서 1960~70년대 본격적으로 공업화를 추진합니다.

둘째로는 1960~70년대 한국 정부의 핵심 인사들이 1930~40년대에 젊은 시절을 보냈다는 공통점이 있습니다. 특히 박정희 대통령은 1940년대 만주국 장교로 근무하며 만주국 건국 과정을 직접 지켜보았습니다. 만주국은 1930년대 일본이 세운 나라입니다. 겉으로는 청나라의 마지막 황제였던 푸이를 만주국의 새 국왕으로 내세웠지만 허수아비에 불과했고, 실제로는 일본의 식민지였습니다. 1890년대의 타이완, 1910년대의 조선에 이어 새로 개척한 식민 국가였던 것입니다. 1930~40년대 일본은 전시 체제에 돌입하고 있었습니다. 국민에게는 근검절약을 강조하고 또한 사상 교육도 강화합니다.

당시 일본은 체제 유지에 고심했습니다. 1917년 러시아에서 사회주의 혁명이 일어나 황제를 폐위하고 처형시켰습니다. 1차 대전 후 유럽의 몇몇 국가에서는 왕정이 폐지되었습니다. 일본에서도 메이지 일왕이 사망하고 다이쇼 일왕이 즉위했을 때 왕정 폐지 주장이 나오기도 했습니다. 사회주의의 도입과 왕정 폐지는 서로 맞물려 있는 일이기도 해서 일본은 사회주의를 엄중히 단속했습니다. 일제 강점기 일본은 독립운동가를 색출하고 투옥하는 것 못지않게 일본 본토와 식민지의 사회주의자를 엄중히 탄압했습니다. 새로운 국가 건설, 대동아 공영, 사회주의 단속 등은 1930년대 만주국에서 내세운 주요 이념이었고, 바로 이 시기 장교로서 젊은 시절을 보낸 박정희는 많은 영향을 받습니다.

박정희는 1961년 군사 쿠데타를 일으켜 정권을 잡고 '재건'을 내세웁니다. 전쟁으로 황폐화가 된 대한민국을 다시 세운다는 뜻의 '재건'은 시대를 관통하는 지배 담론이 되었습니다. 또한 일본은 동아시아 국가들이 서로 단결해 번영을 이룬다는 뜻의 '대동아 공영'이란 말을 썼는데 박정희는 이를 '민족중흥' 개념으로 전환해 사용했습니다. 아울러 일본이 체제 유지를 위해 사회주의자를 단속했듯, 반공을 내세우며 반대 세력을 공산주의자로 몰았습니다.

1962년 4월 20일 경복궁에서 개최된 '군사 혁명 1주년 기념 박람회'에 반공관, 5개년 경제 계획관, 혁명 기념관, 재건 국민관 등의 전시관이 마련된 것은 그 때문입니다. 반공, 혁명, 재건, 경제 등의 용어가 당시 군부 독재 세력이 무엇을 가장 중요시했나를 정확하게 보여 줍니다. 그들은 이념을 내세워 국론을 통일시키려 했

'군사 혁명 1주년 기념 박람회'. 경복궁 내 경회루 등 150여 동의 건물에 16만여 점의 국내 생산품을 진열했다.

습니다. 그런데 그것은 과거 일본이 했던 행태와 묘하게 닮아 있었습니다.

70여 년이 걸린 일제 잔재 청산

일제 강점기 한반도에는 일본인이 세운 건물이 많았습니다. 해방 후 이 건물들은 파괴되거나 혹은 그대로 사용되었습니다. 우선 일본이 세웠던 신사와 신궁은 흔적 없이 파괴되었습니다. 그 자리에는 다른 건물이 들어서거나, 이순신 장군, 의병 대장 사명당, 안중근 의사와 유관순 열사 등 주로 일본에 대항하여 싸웠던 이들의 사당과 동상이 세워졌습니다. 이렇듯 신사와 신궁은 재빠르게 철거되었지만, 많은 건물은 해방 후에도 그대로 사용되었습니다.

조선총독부는 중앙청이 되었고, 경성부 청사는 서울시 청사가 되었습니다. 경성재판소는 법원이 되었고, 서대문형무소는 교도소가 되는 등 일제가 만들어 놓은 건물은 해방 후에도 같은 용도로 사용되었습니다. 해방 후 한국 전쟁이 일어났고 모든 것이 부족한 상황에서 새로 짓기가 쉽지 않았기 때문입니다. 대략 1990~2000년대 이후부터 새 건물로 이전하기 시작했고, 기존 건물들은 대개 박물관이 되었습니다.

철거하지 않고 박물관이나 역사관으로 다시 사용된 것들은 대부분 근대적 시설물로 역사적 보존 가치가 있는 건물들이었습니다.

이처럼 일제 강점기 건물은 철거되거나 박물관, 역사관 등으로 보존되었습니다. 그런데 일제의 잔재는 물리적이고 외형적인 것만 있는 것이 아니었습니다. 의식 깊숙이 남아 우리 생각을 지배하는 것이 있습니다. 건축에서의 '역사주의' 즉 국가 주도의 대형

역사 교육 자료로 활용하기 위해 독립기념관 '조선총독부 철거 부재 전시 공원'에 전시된 조선총독부 건물 잔해.

공공건물은 반드시 우리 전통 양식으로 지어야 한다는 생각도 그 중 하나입니다.

요즘은 보기가 힘들어졌지만 1960~70년대는 한옥을 모방해서 지은 공공건물이 많았습니다. 몸체는 철근 콘크리트로 지어졌는데 지붕은 한옥 양식이며, 기둥과 서까래는 콘크리트 재질입니다. 본래 한옥은 나무 기둥이 하중을 받치는 구조인데, 여기서는 철근 콘크리트로 뼈대를 짓고 서까래는 장식처럼 붙인 방식입니다. 용인의 호암 미술관, 서울시 어린이 대공원 내에 있는 어린이 회관 등이 대표적입니다.

18~19세기 유럽에서 역사주의 건축이 등장하여 네오 르네상스, 네오 바로크가 유행했고 일본도 이를 모방하여 조선총독부나 조선은행 등을 지었습니다. 한편 유럽 양식을 일본식으로 개조한 것이 제관 양식, 흥아 양식입니다. 몸체는 철근 콘크리트에 지붕만 일본식으로 얹었습니다. 그리고 이를 다시 모방한 양식이 바로 콘크리트 벽체에 한옥 지붕을 얹는 이른바 '박정희 스타일' 혹은 '육영수 한옥'입니다. 1960~70년대 우리나라에서만 유행한 독특한 양식입니다. 이때는 세계적으로 모더니즘이 대세로 자리 잡고 이를 대체하는 포스트모더니즘이 등장하던 시기입니다. 그럼에도 우리나라에서는 100~150년 전 역사주의가 뒤늦게 유행했습니

다. 1980년대에 들어서 이런 형태의 건물은 더 이상 지어지고 있지 않지만, 여전히 우리 의식에는 공공 건축은 전통 한옥의 형태여야 한다는 생각이 남아 있습니다. 1960~70년대 박정희 정권의 유산이자 일제 강점기의 잔재라고 할 수 있습니다.

전두환 정권 시기에 지은 독립기념관을 끝으로, 일본 제관 양식의 한국식 버전이라 할 수 있는 '박정희 스타일' 한옥이 더는 지어지지 않고 있습니다. 그 시작은 2000년대 초반에 지어진 용산 국립 중앙박물관입니다. 지나치게 현대적인 모습이라는 비판도 있지만, 이때부터 우리 건축이 비로소 제관 양식 혹은 '박정희 스타일'을 탈피했다고 할 수 있습니다.

오늘날 대형 건축 프로젝트는 국제 공모로 선정하기 때문에 외국의 유명 건축가가 설계한 작품이 많습니다. 사람들은 왜 국내 건축가에게 설계를 맡기지 않았는가? 왜 전통 건축을 현대에 되살리지 못했는가? 하는 의문을 제기하곤 합니다. 이는 더 큰 관점에서 보면 보편적인 국제주의를 따를 것인가, 아니면 민족주의를 따를 것인가 하는 문제이기도 합니다. 우리나라뿐만 아니라 전 세계 모든 나라의 고민으로, 정답이 있는 것도 아닙니다.

국내 정세가 불안하거나 위기 상황에서 국론을 통일해야 할 때 문화계 전반에서 민족주의 경향이 강해지면서 전통 건축 디자인

국립 중앙박물관 실내.

이 많아집니다. 우리나라는 해방 후 1970~80년대까지 민주주의가 자리 잡지 못했고 그 과정에서 독재가 횡행했습니다. 이 시기 박정희, 전두환 정권은 국론을 통일하기 위해 민족주의를 내세웠고 국가 주도의 대형 프로젝트에서 전통 건축을 모방한 디자인을 선호했습니다. 앞서 말한 박정희 스타일의 육영수 한옥, 그리고 전두환 정권 시절에 지어진 독립기념관, 예술의 전당 등이 대표적인 예입니다.

독립기념관은 "우리나라에서 가장 큰 기와집"이라는 별명이 붙어 있고, 예술의 전당 오페라하우스와 음악당은 선비의 갓과 부채 모양입니다. 하지만 1990년대 이후 이런 디자인은 나타나지 않고 있습니다. 오히려 외국 건축가들이 설계한 현대적 건물이 과하다는 의견이 있을 정도로 많습니다. 이제 우리의 건축 문화도 민족주의에서 국제주의로 바뀌었기 때문입니다.

물론 아직도 민족주의 건축을 고수하고 있는 곳도 있습니다. 바로 북한입니다. TV를 통해 보이는 평양의 모습에는 유난히 개량한옥의 모습이 많이 보입니다. 3층이나 5층 규모의 웅장하고 화려한 한옥인데 대개 공공건물인 경우가 많습니다. 체제를 유지하기 위해 민족주의와 국수주의를 내세우다 보니 건축 양식도 과거에 머물러 있습니다. 일제의 잔재 중에 유형의 것은 많이 청산했지만, 무형의 것은 남아 우리의 사고방식을 지배합니다. 그중 하나가 바로 이러한 역사주의 건축입니다. 다행히 우리는 이것을 극복했고, 그러기까지 해방 후 70여 년의 시간이 필요했습니다.

사진 출처

대한민국역사박물관: 173쪽
서울사진아카이브: 171쪽
서울역사박물관: 21쪽, 31쪽, 59쪽, 67쪽, 71쪽, 74쪽, 87쪽, 102쪽, 106쪽, 117쪽, 122쪽, 144쪽, 149쪽, 154쪽, 160쪽
서윤영: 42쪽, 49쪽, 52쪽, 55쪽, 63쪽, 84쪽, 88쪽, 93쪽, 94쪽, 135쪽, 141쪽, 176쪽
연합뉴스: 36쪽
황선영, 한국관광공사: 125쪽
위키미디어커먼스: 19쪽

* 이 책에 실린 사진 중 저작권자를 찾지 못하여 허락을 받지 못한 사진에 대해서는
  저작권자가 확인되는 대로 통상의 기준에 따라 사용료를 지불하도록 하겠습니다.